新智人　新时代

主　编　刘明成　周　晶
编　委　张　鑫　李　朗　冯晓晨　刘　金　靳小龙
　　　　陈春江　徐嘉艺　党忠爱　张　爽　马秀芳
　　　　任军荣　李素芳　杨　慧

电子工业出版社
Publishing House of Electronics Industry
北京·BEIJING

内 容 简 介

本书分为十四个章节，分别从新智器时代降临、身边的智能应用、计算机真的有智能吗、智能来自何方、刷出你的脸、计算机视觉识别原理、机器识物、像人类一样学习、人工智能之棋艺、辩论赛、机器识字、智能管家、智慧校园、未来已来等方面介绍人工智能，以浅显易懂的语言，理论联系实际，向读者展示了人工智能的原理、应用和发展。

本书适合在校学生和对人工智能感兴趣的读者阅读。

未经许可，不得以任何方式复制或抄袭本书之部分或全部内容。
版权所有，侵权必究。

图书在版编目（CIP）数据

新智人　新时代／刘明成，周晶主编. －北京：电子工业出版社，2021.8
ISBN 978-7-121-41827-3

Ⅰ.①新… Ⅱ.①刘… ②周… Ⅲ.①人工智能－青少年读物 Ⅳ.①TP18-49

中国版本图书馆CIP数据核字(2021)第170591号

责任编辑：韩　蕾　　文字编辑：张　豪
印　　刷：中国电影出版社印刷厂
装　　订：中国电影出版社印刷厂
出版发行：电子工业出版社
　　　　　北京市海淀区万寿路173信箱　邮编：100036
开　　本：787×1092　1/16　印张：8.25　字数：166千字
版　　次：2021年8月第1版
印　　次：2021年8月第1次印刷
定　　价：29.00元

凡所购买电子工业出版社图书有缺损问题，请向购买书店调换。若书店售缺，请与本社发行部联系，联系及邮购电话：（010）88254888，88258888。
质量投诉请发邮件至zlts@phei.com.cn，盗版侵权举报请发邮件至dbqq@phei.com.cn。
本书咨询联系方式：qiyuqin@phei.com.cn。

前　言

近年来，人们对人工智能的关注度越来越高，人工智能在图像识别、自然语言处理、机器翻译、人机交互、无人驾驶等领域都取得了突破性的进展。毋庸置疑，人工智能技术在生产、生活、学习的各个领域发挥了越来越大的作用，对教育领域的影响也越来越大。在即将到来的人工智能时代，教育工作者又当如何应对呢？

目前，人工智能的综合应用还是新生事物。在中小学开展人工智能教育意义重大，学校既可将人工智能作为教学内容，又可将人工智能作为教学手段，更可将人工智能与学科教学、学生发展结合起来，积极推动人工智能和教育的深度融合，促进教育变革创新。编委会全体成员认真探索、不断学习和积累，整理了一些人工智能与中小学教学相结合的课程素材，并编写成书。

本书以人工智能及其应用为探究背景，共分为十四章，分别从新智器时代降临、身边的智能应用、计算机真的有智能吗、智能来自何方、刷出你的脸、计算机视觉识别原理、机器识物、像人类一样学习、人工智能之棋艺、辩论赛、机器识字、智能管家、智慧校园、未来已来等方面介绍人工智能，以浅显易懂的语言，理论联系实际，向读者展示了人工智能的原理、应用和发展。

本书的编写离不开中国教育科学研究院朝阳实验学校教师团队的不懈努力，感谢编委会全体成员在本书撰写过程中的辛勤付出，也希望读者通过对本书的学习，能够更进一步了解人工智能的发展和应用，并提出宝贵建议。

目 录

第一章　新智器时代降临 …………………………………………… 1
　　1. 人工智能 …………………………………………………………… 1
　　2. 人工智能简史 ……………………………………………………… 4
　　3. 人工智能的科学含义 ……………………………………………… 5
　　4. 人工智能系列课程介绍 …………………………………………… 7

第二章　身边的智能应用 …………………………………………… 11
　　1. 人工智能在手机中的应用 ………………………………………… 11
　　2. 人工智能在行业中的应用 ………………………………………… 14

第三章　计算机真的有智能吗 ……………………………………… 17
　　1. 身边的聊天机器人 ………………………………………………… 17
　　2. 图灵及图灵测试 …………………………………………………… 18
　　3. 图灵测试实验 ……………………………………………………… 19
　　4. 图灵测试的局限性 ………………………………………………… 22

第四章　智能来自何方 ……………………………………………… 25
　　1. 人与机器的交互过程 ……………………………………………… 25
　　2. 语音识别 …………………………………………………………… 26
　　3. 自然语言处理 ……………………………………………………… 28
　　4. 语音合成 …………………………………………………………… 29

第五章 刷出你的脸 ………………………………………… 33

1. 人脸识别的应用 ………………………………………… 33
2. 人脸识别过程及实验 …………………………………… 36
3. 人脸识别的影响因素 …………………………………… 42

第六章 计算机视觉识别原理 …………………………… 45

1. 图像识别流程 …………………………………………… 45
2. 图像数字化采集 ………………………………………… 46
3. 图像处理 ………………………………………………… 48
4. 主体识别 ………………………………………………… 50
5. 分辨事物 ………………………………………………… 52

第七章 机器识物 …………………………………………… 55

1. 计算机视觉 ……………………………………………… 55
2. 机器分辨事物的能力 …………………………………… 56
3. 机器识物实验 …………………………………………… 58
4. 机器的进阶认知 ………………………………………… 60

第八章 像人类一样学习 ………………………………… 65

1. 人类学习的方式 ………………………………………… 65
2. 机器学习的方式 ………………………………………… 70

第九章 人工智能之棋艺 ………………………………… 73

1. 井字棋 …………………………………………………… 73
2. 五子棋 …………………………………………………… 75

第十章 辩论赛 ……………………………………………… 79

1. 强、弱人工智能 ………………………………………… 79
2. 辩论 ……………………………………………………… 80
3. 超人工智能 ……………………………………………… 81

第十一章　机器识字 ……………………………………… 83
　　1. 机器识字的应用 ……………………………………… 83
　　2. 人类初识文字 ………………………………………… 84
　　3. 文字识别技术 ………………………………………… 85
　　4. 设计简易阅读器 ……………………………………… 88

第十二章　智能管家 ……………………………………… 99
　　1. 智能管家 ……………………………………………… 99
　　2. 智能小管家 ………………………………………… 100

第十三章　智慧校园 …………………………………… 111
　　1. 智慧校园 …………………………………………… 111
　　2. 门禁机器人 ………………………………………… 112

第十四章　未来已来 …………………………………… 121
　　1. 回顾与比较 ………………………………………… 121
　　2. 阿西莫夫三定律 …………………………………… 123
　　3. 人工智能对行业的影响 …………………………… 123
　　4. 思维导图和写作 …………………………………… 124

第一章

新智器时代降临

【导读】

　　人类发展历经了石器时代、青铜器时代、蒸汽时代、电气时代,一直到现在的信息时代。每个时代都有典型的技术产物,像蒸汽时代的蒸汽机、电气时代的电灯,还有信息时代的计算机。随着时代的发展,我们慢慢步入了一个更加新锐的时代,我们暂且称它为"新智器时代",那么它的典型技术产物是什么呢?答案是人工智能。

　　那么人工智能是什么呢?让我们带着这个问题,一起开始本章内容的学习,一起了解一下人工智能。

1. 人工智能

说一说

生活中有哪些人工智能的应用已经出现在我们身边了呢?

读一读

人工智能的应用有很多,我们先通过以下几个应用来初步认识一下它吧。

新智人 新时代

· 人脸识别

人脸识别的场景应用在我们生活中比较常见。比如人脸签到、人脸门禁、人脸安防、人脸解锁手机、人脸支付、刷脸进站等。

人脸识别是基于人的脸部特征信息进行身份识别的一种生物识别技术。相当于机器的"眼睛"。

· 围棋

说起围棋,我们并不陌生,它是一种两人对弈的策略型棋类游戏,起源于中国,盛行于中国、日本、韩国、朝鲜等东亚国家。

2016年,围棋人机大战吸引了全世界的目光。阿尔法围棋(AlphaGo,一款围棋人工智能程序)的横空问世,与围棋世界冠军、职业九段棋手李世石进行围棋人机大战,以4比1的总比分获胜。AlphaGo作为人工智能的实际应用,再次将人们的目光聚集到人工智能领域。此后,人工智能在围棋领域越发强大,人类再无在围棋领域战胜高级人工智能的对战记录。

第一章 新智器时代降临

• 游戏对战

游戏是人类消遣的常用手段，随着互联网和移动互联网的发展，从"桌游"到"手游"，人们玩的游戏越来越"高级"，想要把游戏"打好"，需要智力的加持和时间的投入。

人工智能除了在棋类游戏上大放异彩，在电子竞技游戏中也独领风骚。

2019年1月25日，谷歌旗下人工智能公司DeepMind开发的人工智能AlphaStar在即时战略电子竞技游戏《星际争霸2》中以10：1的总比分击败了2位人类职业玩家。

• 自动驾驶

现如今，自动驾驶汽车虽然还没有进入寻常百姓家，但是自动驾驶的潮流却一直在汽车制造商和人工智能（Artificial Intelligence，简称AI）科技领域涌动。现在，全球的汽车制造商几乎都在布局自动驾驶汽车，无人驾驶属于自动驾驶的最高级，国内外的一些AI巨头们也在打造自己品牌的无人驾驶汽车，国内的物流龙头企业也在发展着自己的无人配货小车。不久的将来，无人驾驶汽车设备将会深度融入我们的生活中。

想一想

根据以上学习的知识以及你对人工智能的了解,想一想什么是人工智能,如何把它表达清楚,试着给出你的解释。

2. 人工智能简史

学一学

1950年,阿兰·图灵在他的论文《计算机器与智能》中提出了著名的图灵测试,预言了创造智能机器的可能性,成为AI史上第一个严肃的提案。

1951年,马文·明斯基建立了世界上第一个像大脑一样工作的机器(SNARC),它能够帮助一只机器老鼠穿越迷宫。

1956年夏季,以麦卡赛、明斯基、罗切斯特和申农等为首的一批有远见卓识的年轻科学家在达特茅斯镇一起聚会,共同探讨和研究用机器模拟智能的一系列有关问题,并首次提出了"人工智能"这一术语,它标志着"人工智能"这门新兴学科的正式诞生。

人工智能的发展几度沉浮,我们一起看一下它的发展历程和对应的标志性事件。

1980年,一款名为"XCON"的专家系统,因每年可为企业节省数千万美元受到热捧,进而带动了大公司在AI上的投入。

1997年,"深蓝"计算机战胜国际象棋冠军,成为AI发展史上的里程碑事件。

2006年,杰弗里·辛顿提出"深度学习"。自此,人工智能进入快速发展的阶段。

2011年,IBM超级计算机"沃森"参加"Jeopardy!"智力竞赛节目,并在节目中击败人类。

2016年,谷歌人工智能系统AlphaGo击败韩国九段围棋选手李世石,AI受到前所未有的关注。

2016以后,AI在计算机游戏、人机对弈等方面不断突破人类对机器的认知,丰富多彩的AI应用也逐渐进入普通人的生活视野。

排一排

将以下历史事件按发生时间的先后顺序进行排列，分别是＿＿、＿＿、＿＿、＿＿。

① "深蓝"计算机战胜国际象棋冠军

② 阿兰·图灵提出著名的图灵测试

③ AlphaGo击败韩国九段围棋选手

④ 达特茅斯会议确定了"人工智能"的名称

学习了人工智能的发展简史，我们继续认识一下人工智能的科学含义及其所涉及的相关领域。

3. 人工智能的科学含义

读一读

人工智能是研究、开发用于模拟、延伸和扩展人的智能的理论、方法、技术及应用系统的一门新的技术科学。简单来说，人工智能是一门用来模拟人类的科学。它属于计算机科学，包含于计算机应用的范畴。

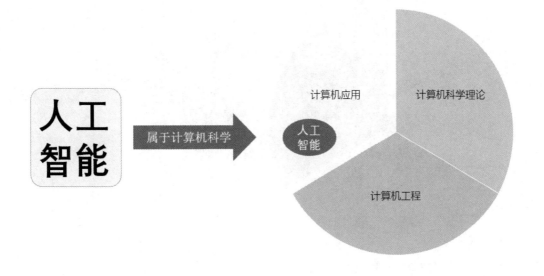

人工智能所涉及的领域包括机器学习、计算机视觉、图像处理、自然语言处理、机器人学、语音识别等。

判一判

根据你的理解，判断下面哪些属于人工智能技术的应用，哪些不属于人工智能技术的应用。在属于人工智能技术应用的后面打"√"，在不属于人工智能技术应用的后面打"×"。

- 采用人工智能技术的无人机　　　　　　（　　）
- 农用遥控无人机　　　　　　　　　　　（　　）
- 遥控车　　　　　　　　　　　　　　　（　　）
- 无人驾驶汽车　　　　　　　　　　　　（　　）
- 人工智能处理大数据　　　　　　　　　（　　）
- 人工处理数据　　　　　　　　　　　　（　　）
- 幼儿玩具机器人　　　　　　　　　　　（　　）
- 人机对话机器人　　　　　　　　　　　（　　）

说一说

根据你的理解说一说人工智能的基本特征是什么？

人工智能的基本特征是计算机像人类一样去感知、认知、思考、自我控制

品一品

阅读下面的案例——像人类一样思考

我们都听过这样一个脑筋急转弯，说："树上有7只鸟，猎人开枪，打中1只，请问树上还有几只鸟？"

你还记得你第一次给出的答案吗？回答是"没有了"，还是"剩6只了"呢？

假如我们向计算机提出这个问题，它会给出什么答案呢？

第一种回答：6只。从这个答案中我们能分析出这台计算机只具备典型的数学思维，只执行了严谨的数学计算。

第二种回答：0只。这个答案说明计算机已经具备了普通人的思维能力，不再是单一的数学思维。

第三种回答是什么呢？计算机没有很快给出答案，而是根据自己成长的认知，给出了不同可能性的答案。

4. 人工智能系列课程介绍

看一看

本系列课程有着丰富的教学形式和教学内容，接下来整体介绍一下。

（1）教学形式

教学形式涵盖讨论、思维导图、演讲、游戏、活动、写作、趣味实验等。

新智人 新时代

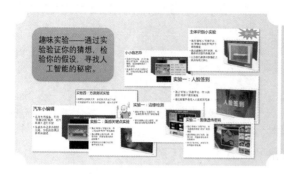
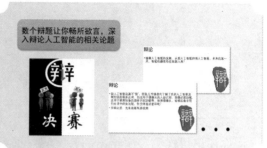

（2）教学内容

教学内容可以分为6大主题，分别是AI过去和未来、趣味应用体验、智能来自何方、计算机视觉、机器会学习以及智能场景应用。

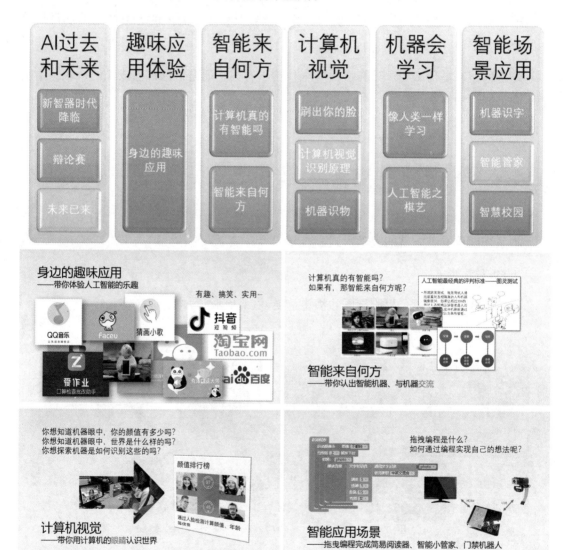

评一评

通过本章的学习，你对"新智器时代"的技术产物——人工智能，有了哪些了解呢？在下面的表格中按实际情况进行评分。

内容	自己评			老师评
	我知道	我了解	我会讲	
人工智能基本特征				
人工智能发展历史				

第二章

身边的智能应用

【导读】

说起人工智能，它不只是那些专业化的概念，也不只是科幻小说或者电影当中那些天马行空的想象。经过数十年的发展，人工智能这项技术已经催生出了不少有趣的应用方向。随着智能手机的普及，人工智能离我们的生活越来越近。让我们通过手机APP和小程序一起体验一下这些应用吧。

1. 人工智能在手机中的应用

说一说

你用过的哪些手机APP有人工智能的影子？试举例说一说。

学一学

现如今，人工智能在手机APP的应用上得到了广泛的发展，或智能搜索、或智能推荐、或模式识别、或人机对话等，都涉及人工智能的技术。比如：

- 社交类的微信、抖音；

- 电商类的京东、天猫、拼多多；

- 信息类的百度、今日头条；

- 教育类的猿辅导、爱作业、有道翻译；

- 生活类的激萌、QQ音乐、花伴侣；

- 小程序类的贤二、小爱同学、猜画小歌。

做一做

实验一：微信语记

打开微信APP→打开与人聊天的对话框→点击"语音输入"按钮→体验普通话的语音输入

将你说的话和识别的话分别记录下来，并统计识别率。

你说的话	识别的话	识别率

将普通话切换成英语或者粤语，再次体验一下。

实验二：贤二有话说

打开微信APP→搜索"贤二"小程序→点击"话筒"按钮，跟贤二对话

将你与贤二的对话记录下来。

我：_____

贤二：_____

我：_____

贤二：_____

我：_____

贤二：_____

我：_____

贤二：_____

实验三：听懂你的歌

打开QQ音乐APP→点击音乐馆的"🎵"按钮→听歌识曲/哼唱识别→唱歌并识别歌曲

将你哼唱的歌曲内容和识别的歌名记录下来。

你唱的歌曲	识别效果	你哼的歌曲	识别效果

实验四：读懂了花语

打开花伴侣APP→点击"识花"按钮→把植物放入识别框→识别出植物名

将你识别出的花的名称、花的基本介绍以及识别可信度记录下来。

花的名称	花的基本介绍	识别可信度

实验五：看懂了你的画

打开微信APP→搜索"猜画小歌"小程序→点击"开始作画"按钮→根据文字提示作画并识别

选择一幅识别出的画，画在下方。

画的名字：_____

2. 人工智能在行业中的应用

读一读

人工智能在行业中的应用也有很多，比如：

· 金融：ATM刷脸取钱、刷脸支付、金融市场分析与预测等；

· 工业制造：智能制造、品质检测等；

· 军事：军事无人机、导弹、军事卫星等；

· 城市交通：路线规划、交通健康扫描、科学治堵建议等；

· 教育：自动阅卷、课堂效果评测等；

· 医疗：癌症的早期排查、诊疗风险监控、病案智能化管理等；

· 人工智能还应用于安防、商场等。

· 天网监控系统

"天网监控系统"是利用安装在大街小巷的由大量摄像头组成的监控网络，是公安机关打击街面犯罪的一件法宝，是城市治安的坚强后盾。所谓"天网恢恢，疏而不漏"。借助强大的人工智能人脸识别技术，可以不依赖于人力，自动进行实时监控、"通缉犯"预警等功能。现在各大城市基本上都在运行此套系统。"天网监控系统"是"科技强警"的标志性工程。

第二章 身边的智能应用

公安机关通过监控平台，可以对城市各街道辖区的主要道路、重点单位、热点区域进行24小时监控，可有效消除治安隐患，使发现、抓捕街面现行犯罪的水平得到提高，让我们在一个更加安全的环境中生活。

· 智能试衣间

智能试衣间通过带触摸屏的镜子及灯光调整，借助人工智能人体图像识别技术，可以自动帮助用户找到适合自己尺码、颜色和使用场景的服装。

消费者进入商店，通过镜子浏览店铺中的所有商品，提交试穿申请，它们就会被导购员摆放在试衣间。顾客可以调整灯光亮度和颜色模拟使用场景，镜子感应衣服上的标签并显示在屏幕上，然后镜子给出搭配建议。如果需要尝试其他颜色或尺码的衣服，也能通过屏幕下指令，让导购员给你送来。当顾客试穿满意后，可以直接在镜子上通过移动支付的方式付款，试穿过的衣服的记录会保存在个人账户中。试衣间里还可以记录追踪试衣者的动作，这为后续智能试衣间的智能化进行，提供了想象空间。

连一连

人工智能在各行各业的应用你了解多少？试将应用场景与其所属行业进行连接。

应用场景	行业
刷脸支付	自动驾驶
AI医学影像	金融
雷达	教育
交通运行评价	工业制造
百度无人车	商场
天网监控系统	军事
课堂效果评测	医疗
品质监控	城市交通系统
智能试衣间	安防

评一评

通过本章的学习，你对人工智能的应用有了哪些了解？在下面的表格中按实际情况进行评分。

内容	自己评			老师评
	我知道	我了解	我会讲	
人工智能在手机中的应用				
人工智能在各行各业中的应用				

第三章

计算机真的有智能吗

【导读】

2014年6月7日是"计算机科学之父"阿兰·图灵逝世60周年纪念日。这一天，在英国皇家学会举行的"2014图灵测试"大会上，聊天程序"尤金·古斯特曼"（Eugene Goostman）成功让人类相信它是一个13岁的男孩，成为有史以来首台通过图灵测试的计算机。这被认为是人工智能发展的一个里程碑事件。

那么如何来完成图灵测试，又如何有效地提出测试问题呢？通过本章来学习一下。

1. 身边的聊天机器人

读一读

场景一：

傍晚，爸爸躺在你的床上讲故事，讲着讲着，他睡着了，你看着爸爸呼呼大睡，不方便叫醒他。但是你听故事的兴头正浓，这时候你唤醒了"小爱同学"，对它说："小爱同学，我要听《凯叔讲故事》。"小爱同学在获取你的语音指令后就开始播放故事给你听了。

场景二：

在爷爷奶奶家跟家人一起包饺子，爷爷突然想听戏曲了，但是大家的手上都沾满了面粉，不方便打开电视，这时候你特别自如地呼唤了一声："小爱同学，播放戏曲。"

小爱同学就开始播放经典戏曲给大家听，戏曲声响起后家庭氛围显得更加祥和温馨。

场景三：

在你学习特别累的时候，但是还没到休息的时间，并且有很多学习任务要完成，你特别想听一曲音乐舒缓一下自己疲惫的身心，你就轻唤一句："小爱同学，播放舒缓减压的歌曲。"听到指令的小爱同学就播放出了沁人心脾的音乐。

说一说

小爱同学听懂了你的话，大家说一说像小爱同学这样的机器是不是就具备了类似人类的思维能力了呢？

想一想

如何判定一台机器是否有智能？用什么样的标准来进行评判，让我们认为这台机器就是智能机器呢？

2. 图灵及图灵测试

读一读

在计算机刚诞生的头几年，人们对计算机还很陌生的年代，"机器智能"的概念是非常超前的。

1950年，阿兰·图灵发表了一篇划时代的论文，文中预言了创造出具有真正智能的机器的可能性。由于注意到"智能"这一概念难以确切定义，他提出了著名的图灵测试：如果一台机器能够与人类展开对话（通过电传设备）而不能被辨别出其机器身份，那么称这台机器具有智能。这一简化使得图灵能够令人信服地说明"思考的机器"是可能的。

文中提到的"图灵测试"便是现代人类用来评判一台机器是否具备智能的方式。

"图灵测试"的提出者——图灵（全名艾伦·麦席森·图灵，又译作阿兰·图灵），英国数学家、逻辑学家，被称为"计算机科学之父""人工智能之父"。为了纪念他在计算机和人工智能领域的贡献，后人将"计算机界的诺贝尔奖"命名为"图灵奖"。

学一学

图灵测试的解释:

所谓图灵测试,就是测试人通过装置向互相隔离的人和机器随意提问,如果让超过30%的测试人不能确认回答者是人还是机器,那么这台机器就通过了测试,并被认为具有智能。

3. 图灵测试实验

做一做

完成图灵测试实验。

·实验设备:

AI魔盒、手机/计算机、纸张、笔

·实验准备:

给机器设备通电开机并联网;教室准备好隔开的测试区域;选出测试人员和被测试人员

新智人 新时代

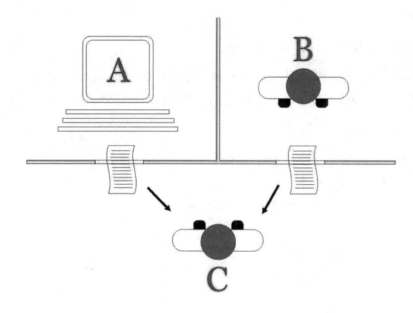

· 实验流程：

① 被测试组的同学每人拿一张测试表格，设计一个测试问题，并填入表格；

② 测试组的同学将填完的表格收回，拿到测试区进行测试，并将问题的答案填写到表格中（建议每张表格的答案为同一个同学填写，避免字迹不一致影响后续判断）；

③ 测试区域摆放两个设备，一个是AI魔盒，运行人机对话程序，另一个是计算机或者手机，运行任意人机对话程序（如Siri、小爱同学、微软小冰等）；

④ 在测试过程中，测试同学先后将被测试同学的问题输入不同的设备，并且自己作为人类来回答该问题；

⑤ 回答完毕后，自己记录每个答案的出处（是机器还是人类），之后将表格交还给填写问题的同学；

⑥ 被测试的同学根据答案，判断每个答案是人类还是机器，并在表格上标记；

⑦ 测试组的同学给出答案，说明被测试的同学哪些答案判断正确，哪些答案判断错误；

⑧ 最后由老师统计全班的正确率。

· 实验表格

第三章 计算机真的有智能吗

问题 （测试者提问）	答案 （被测试者回答）	是否人类作答 （测试者判断）	实际作答对象

· 实验总结

全班总共____组被测试的同学；

出现误判的是____组；

未出现误判的是____组；

误判的概率是____%；

是否通过了图灵测试？____。

想一想

刚才的测试过程是否严谨？有什么不足？

析一析

不管结果如何，刚才的图灵测试，肯定有些同学提出的问题是比较容易分辨出机器的，有些同学提出的问题很难分辨。这个测试是不完整的，因为测试需要通过相当数量的测试样本，也就是说需要很多的人进行测试才能够称为有效测试。每个同学也只问了一个问题，并没有参照图灵测试的标准流程进行连续提问。通过这个实验，我们可以体会到当今人工智能的能力，以及科学探究实验的过程。

问一问

向你面前的机器提问并填写它的回答。

问：你会下国际象棋吗？

答：_____

问：你会下国际象棋吗？

答：_____

> 问：请再次回答，你会下国际象棋吗？
>
> 答：_____

选一选

以下三种问答内容，哪个更像机器作答的？（请在你选择的答案后圆圈内画"√"）

问：34957加70764等于多少？

答：（停30秒后）105721 ○

问：34957加70764等于多少？

答：（秒回）105721 ○

问：34957加70764等于多少？

答：（答错）106831 ○

4. 图灵测试的局限性

读一读

对于机器通过了图灵测试，只能说明机器具备了基本沟通交流的能力，距离真正的智能还差很远。

科学家约翰·希尔勒提出"中文房间"的思想实验来反驳机器能够具有思考能力，所谓"中文房间"，是在一个封闭的房间里，完全不懂中文的人，只需要一本万能中文翻译书，通过中文字条和门外的中国人交流，就能让门外的中国人确信他很懂中文。同理，机器只是在运行程序，并非在思考，仅仅看起来像具有智能。

评一评

通过本章的学习,你对图灵测试有了哪些了解?通过涂小星星的方式给自己打打分吧。

内容	涂一涂
图灵测试的方法	☆☆☆☆☆
图灵测试的不足	☆☆☆☆☆

第四章

智能来自何方

【导读】

图灵测试的提出为计算机是否具有智能提供了判断的方法和依据。在图灵测试的过程中,计算机是如何与人完成智能交互的呢?

通过本章的学习来认识一下计算机智能交互的基本原理。

1. 人与机器的交互过程

想一想

想一想人机对话设备与你的聊天是如何实现的?

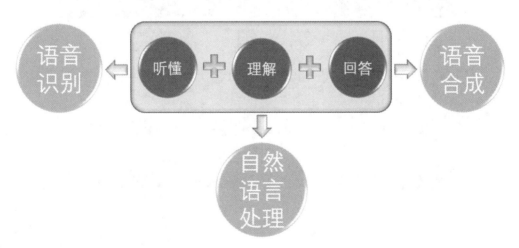

读一读

完成人机对话交互，需要机器听懂人类说的话，并理解话的意思，进而给予回答。

"听懂→理解→回答"的整个过程涉及语音识别、自然语言处理以及语音合成的技术。

简单理解，我们可以把语音识别比作"机器的耳朵"，机器通过"耳朵"听到语音，并将语音转化为文字；把自然语言处理比作"机器的大脑"，机器通过"大脑"来理解文字信息，进而给出文字回答的反馈；把语音合成比作"机器的嘴巴"，机器把"大脑"处理好的文字反馈转化为语音来输出。

接下来我们按顺序认识一下语音识别、自然语言处理和语音合成。

2. 语音识别

听一听

语音识别即听懂人类的话，接下来我们把自己比作机器，通过"我说的你懂了吗"的小实验来模拟感受一下机器语音识别的过程。

在实验过程中，老师按顺序读出三组词语，模拟机器的我们根据自己听到的语音来写出老师可能要表达的语言词汇所对应的文字。

我说的你懂了吗

第一组	第二组	第三组
• 第一个字 "běi"	• 第一个字 "shí"	• 第一个字 "chī"
• 第二个字 "jīng"	• 第二个字 "shī"	• 第二个字 "mèi"

第四章 智能来自何方

做一做

通过新智人教学设备结合新智人科教平台来完成后续的实验。

· 语音识别实验

实验材料：配套的新智人教学设备、新智人科教平台

实验目的：在不同的实验场景下检测语音设备的识别能力

实验准备：将新智人教学设备架设好，正常供电，启动并配置好网络和连接码，选择"智能速记"完成程序的上传工作。根据显示器的界面提示，按住魔盒上的"左键"开始说话。

① 短语实验

说出6个中文词汇并进行记录，统计系统识别的词汇，计算出词汇识别率。

② 诗词实验

朗读一首唐诗或者宋词，看看系统识别的准确度，统计识别率。

③ 噪音测试实验

A同学分别在安静的环境下和有噪音的环境下读同一个句子，看看计算机的识别率如何，进行记录并分析。

④ 方言测试实验（选做）

如果你会某种方言，尝试用方言说几句话，记录系统对于方言的识别效果，统计识别率。

想一想

影响语音识别率的因素有哪些？如何提高语音识别率？

读一读

影响语音识别的因素：

· 对自然语言的识别和理解。首先必须将连续的讲话分解为词、音素等单位，其次要建立一个理解语义的规则。

· 语音信息量。

- 语音的模糊性。说话者在讲话时，不同的词可能听起来是相似的，这在英语和汉语中比较常见。
- 单个字母、词或字的语音特性会受上下文的影响。
- 环境噪声和干扰对语音识别有严重的影响，致使识别率降低。

说一说

语音识别的本质就是将声音转化为文本（Speech to Text）。现实生活中语音识别技术已得到了广泛的应用，举例说一说你身边的语音识别技术的应用场景。

3. 自然语言处理

读一读

人类的语言比如中文、英文、韩文、日文，这些随着文化自然地发展出来的语言叫自然语言。

让机器能够理解人类说的自然语言，并使机器以自然语言来回答，前者称之为自然语言理解，后者称之为自然语言生成，二者共同构成"自然语言处理"的概念。

自然语言处理是人机交互中体现机器"智慧"的重要一环。

学一学

完成下面的任务，通过人类自身行为过程分析，我们来简单理解一下自然语言处理的过程。老师问如下几个问题，同学们积极思考回答，答不出来没有关系，想一想采用什么方式可以找出问题的正确答案？

- "Hello"是什么意思？"早上好"用英语怎么说？
- 古代巴比伦王国是什么时间建立和灭亡的？
- 圆周率是什么？

对于以上问题，有些靠记忆我们直接就答出来了，比如将"早上好"翻译成英语；有些需要借助工具（字典或者互联网）查询，比如回答"古巴比伦王国的建立和灭亡的时间"；还有的需要我们理解之后给出相应的答案，比如说明"圆周率是什么"。

对比人类回答问题的行为路径，机器又是如何来回答这些问题的呢？

机器会进行大数据搜索、精确查询，进而反馈数据结果。这里需要机器有一个超级大脑，能从大脑的知识图谱中关联搜索关键知识。

机器进行自然语言处理时，会涉及知识图谱的应用，二者的关系可以描述成：知识图谱是自然语言处理的基石，而知识图谱靠自然语言处理的应用落地。

4. 语音合成

想一想

语音合成的本质是文字转语音。机器通过语音合成将任意文字信息实时转化为标准流畅的语音并朗读出来。想一想现实生活中你遇到的机器说话的情形有哪些？试着举出几个例子。哪些用到了语音合成技术，哪些没有用到？

学一学

传统的声音回放设备，比如录音机，其工作原理是声音回放，先提前录制好声音再回放声音。设备输入和设备输出都是声音。

手机听书软件、汽车导航仪等这些设备，它们的工作原理是语音合成，即将设备中的文本转化为语音朗读出来。设备输入是文本，设备输出是声音。

读一读

语音合成的例子

在霍金的眼镜上,约距右颊一英寸处,安装了负责侦测肌肉活动的红外线发射器及侦测器。如果他想打招呼,说声"你好",他先以眼球控制红外线感应器,选定在屏幕上轮流出现的英文字母,当计算机出现他想要的"H"时,霍金再转动眼球,这样计算机就会不断显示以"H"为字头的英文字;当"HELLO"出现时,他又转动下眼球以选定这个字,当他造句完毕后,才把句子传至合成器发声。因此霍金要说一句话,就要逐字逐句输入计算机,再由语音合成器将文字转化成声音,一分钟只能处理3至5个字。

评一评

通过本章你学习到了哪些知识呢?在下面的表格中按实际情况进行评分。

内容	自己评			老师评
	我知道	我了解	我会讲	
语音识别				
自然语言处理				
语音合成				

第五章

刷出你的脸

【导读】

如今的生活中，人脸识别技术的应用遍地开花，大到国家的安防系统，小到个人的刷脸门禁，人脸识别无处不在。那么人脸识别到底是如何实现的，它的过程又是如何的呢？通过本章的学习我们一起来认识一下人脸识别。

1. 人脸识别的应用

猜一猜

图片中的人和机器在做什么？

（　　　　　　　）　　　　　（　　　　　　　）

新智人 新时代

 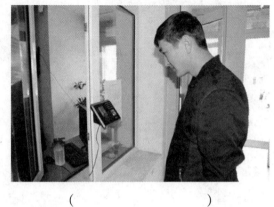

(　　　　　　)　　　　　　(　　　　　　)

学一学

上面图片中人的行为都用到了人脸识别技术。

人脸识别是一项热门的计算机技术研究领域,是基于人的脸部特征,对输入的人脸图像或者视频流进行判断。首先判断其是否存在人脸,如果存在人脸,则进一步给出每张人脸的位置、大小和各个主要面部器官的位置信息,并依据这些信息,进一步提取每张人脸中所蕴含的身份特征,并将其与已知的人脸进行对比,从而识别每张人脸的身份。

说白了,人脸识别就是让计算机通过脸部图像认识你是谁的一系列图像识别的技术。

说一说

除了上面提到的人脸识别的应用,人脸识别还有哪些有趣的应用场景呢?

读一读

・人脸识别在汽车领域的应用

人脸识别在汽车上的应用大多用到了该技术的1:1认证。最直观的便是人脸解锁车门,将探测到的人脸与已保存到的人脸特征进行比对。比如,凯迪拉克XT4就能通过B柱的摄像头刷脸开车门。新造车企业,比如拜腾也配备了人脸识别技术,同样通过B柱的摄像头刷脸。另外,防盗也是人脸识别在汽车上的重要应用,即便坐在车内也开不走汽车。

第五章 刷出你的脸

·刷脸吃饭

杭州某高中与时俱进，推出了刷脸吃饭。有了它，学生再也不怕忘带饭卡了，只要在"刷脸器"前站立几秒钟，就能完成结账取餐。

·刷脸借物

杭州一些小区已经能够实现刷脸借物。只要你的支付宝芝麻信用分在600分（含600分）以上，就可免押金借还在各小区门口放置的家庭常用物品。选择机器上的"租借物品"选项并按确认键后，页面立即跳转进入刷脸环节。等待2秒钟，系统提示"刷脸成功"，随即形成一个二维码。打开支付宝，扫描二维码，点击"确认借用"按钮后，租借成功。归还物品时点击"还物品"按钮，系统同样会进行人脸识别，保证借与还是同一个人。

- 刷脸领厕纸

免费厕纸遭恶意浪费，或是被整包顺回家咋办？现如今，国内多地已探索实行智能公厕。居民上厕所，刷脸后就能拿免费厕纸。为避免浪费，这台机器还设置了吐纸时间间隔，同一个人在取完厕纸后需等待10分钟，面部才能被再次识别。

2. 人脸识别过程及实验

做一做

通过人脸签到实验感受一下人脸识别的效果。

- 通过新智人科教平台，将"人脸签到"程序下载到魔盒中
- 通过配置界面录入人脸签到信息，再切换回签到界面尝试签到

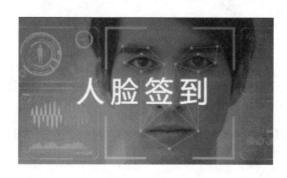

说一说

机器为什么可以认出你？试着描述刚刚实验过程中人脸签到包含了哪些流程？

析一析

首先看一看我们人类如何分辨不同的人。

分析下面三张图片有什么特点，你是如何区别他们的？

A

B

C

A
白皮肤、短头发、有胡子、浓眉、大眼、内双、高鼻梁、嘴唇略小

B
白皮肤、长头发、鹅蛋脸、细眉、大眼、双眼皮、高鼻梁、嘴唇适中

C
黑皮肤、头发接近没有、浓眉、大眼、双眼皮、大鼻子、大嘴

新智人　新时代

找一找

我们在分辨人脸的时候,是通过脸部特征进行区分的。下面完成"人脸特征提取实验",看看自己是不是"火眼金睛"。

图A为小新,短暂观察小新。

图A

图B为小新脸部特征素材,快速选择特征素材还原小新脸颊,将小新脸部特征所对应的编号找出来,写到空白脸对应的位置上。

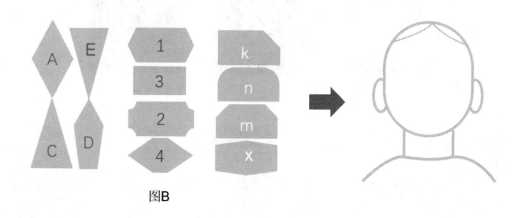

图B

画一画

观察你的同桌,试着提取出他的脸部特征,并画出来。

想一想

回顾"析一析——区别人脸特征""找一找——还原小新脸颊原貌""画一画——提取同桌脸部特征"几个过程,总结在每一个环节中你是如何思考并完成的?

学一学

了解了人类分辨人脸的过程,我们对比学习一下机器完成人脸识别的过程。

· 第一步:人脸图像识别

用摄像头采集图像信息,并存储为计算机可以识别的数字信息。

· 第二步:人脸图像预处理

进行主体定位和人脸规范化处理。

主体定位：检测到人脸，捕捉人脸图像，通过过滤器过滤信息；

人脸规范化处理：将人脸进行大小同一化，对面部区域进行切割分析。

· 第三步：人脸图像特征提取

人脸由眼睛、鼻子、嘴、下巴等局部构成，对这些局部和它们之间结构关系的几何描述，可作为识别人脸的重要特征，这些特征被称为几何特征。

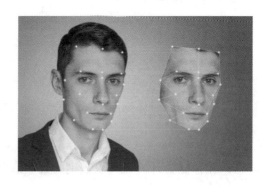

· 第四步：人脸图像匹配

将被识别的人脸特征与数据库中的人脸特征进行对比，找出与被识别人脸图像信息相符度较高的人物信息，完成识别。

比一比

对比分析人类分辨人脸和机器人脸识别的过程。

做一做

通过下面的实验体验一下面部特征的关键点提取的效果。

·通过新智人科教平台,将"人脸检测"程序下载到魔盒中

·通过摄像头进行拍照,稍等片刻,图像效果会展现在屏幕上,面部特征的关键点会在图像中绘制出来

3. 人脸识别的影响因素

想一想

在人脸识别实验中,同学们有没有注意到在多次实验操作的过程中,有的时候能识别出人脸,有的时候会识别不出人脸;某些时候,已经录入了人脸,却没有识别出相同的人。想一想,哪些因素影响了人脸识别呢?

学一学

影响人脸识别效果的因素有很多,下面我们主要从光照、视角、表情、年龄、遮挡五个方面来了解一下。

- 光照影响

光照变化是影响人脸识别效果的最为关键的因素之一。由于人脸的3D结构,光照投射出的阴影,会加强或减弱原有的人脸特征。尤其是在夜晚,由于光线不足造成的面部阴影,会导致识别率的急剧下降,使得系统难以满足实用要求。

- 视角影响

人脸识别主要依据人的面部表象特征来进行识别,如何识别由视角引起的面部变化就成了该技术的难点之一。脸的上下或者左右旋转会造成面部信息的部分缺失,使得视角问题成为人脸识别的一个技术难题。

·表情影响

面部幅度较大的行为，比如哭、笑、惊吓、愤怒、夸张等表情的变化同样影响着人脸识别的准确率。现有的技术对这些方面处理得还不错，不论是张嘴还是做一些夸张的表情，计算机都可以通过三维建模和姿态表情校正的方法把它纠正过来。

·年龄影响

随着年龄的变化，一个人从少年到青年再到老年，他的容貌可能会发生比较大的变化，从而导致识别率的下降。对于不同的年龄段，人脸识别算法的识别率也不同。这个问题最直接的例子就是身份证照片的识别，我国身份证的有效期一般分四种，分别是5年、10年、20年还有长期，不同年龄段的人的容貌差别较大，所以在识别上还存在很大的问题。

·遮挡影响

对于"非配合"情况下的人脸图像采集，遮挡是一个非常严重的问题。特别是在监控环境下，往往被监控的对象都会戴着眼镜、帽子等饰物，或者化有浓妆，使得被采集出来的人脸图像有可能不完整，从而影响后面的特征提取与识别，甚至会导致人脸检测算法失效。

说一说

如果有不法分子利用别人的照片进行人脸识别的取款，你认为他能成功吗？为什么？

读一读

活体检测是在一些身份验证场景下确定对象真实生理特征的方法，在人脸识别的应用中，活体检测能通过眨眼、张嘴、摇头、点头等组合动作，使用人脸关键点定位和人脸追踪等技术，验证用户是否为真实活体即本人操作。活体检测可有效抵御照片、换脸、面具、遮挡以及屏幕翻拍等常见的攻击手段,从而帮助用户甄别欺诈行为,保障用户的利益。

玩一玩

- 通过新智人科教平台,将"颜值排行榜"程序下载到魔盒中
- 通过摄像头进行拍照,稍等片刻,图像效果会展现在屏幕上,颜值、年龄等信息会显示出来

通过人脸检测计算颜值、年龄等信息

评一评

通过以上内容的学习,你能为自己涂亮几颗小星星呢?

内容	涂一涂
人脸识别的过程	☆☆☆☆☆
人脸识别的影响因素	☆☆☆☆☆

第六章

计算机视觉识别原理

【导读】

人脸识别技术的应用在生活中已经比较普及了，比如人脸签到、人脸住店、人脸支付、人脸借物、人脸进站、人脸取钱等。从大的类别上说，人脸识别仍属于图像识别的范畴，上一章我们学习了人脸识别的过程和原理，本章我们将继续学习图像识别的过程和原理。

1. 图像识别流程

想一想

观看下面这张图，想一想，你是如何认识这张图片的？试着跟大家分享一下你的认知路径。

学一学

人类通过双眼看到图片后，根据对图片的理解，从大脑中调取合适的信息，然后做出相应的反馈行为。这便是人类视觉处理图像的基本过程，那么机器又是如何来识别图像的呢？

分为四个过程：

图像数字化采集 → 图像处理 → 主体识别 → 分辨事物

后续我们详细了解一下这四个过程。

2. 图像数字化采集

图像数字化采集即将图像的可见光信息转化为计算机可以处理的数字信息，也就是计算机通过专用的感光设备，将可见光信息编码为计算机可以处理的二进制数字。

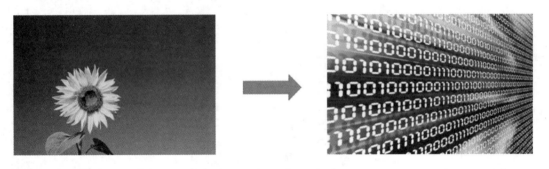

玩一玩

通过小游戏，尝试理解一下图像信息是如何被计算机记录和描述的。下面的数字方格和计算机眼中的图像类似，你能把它还原为人眼能看到的图像吗？

0	0	0	0	0	0	0	0	0	0
0	0	1	1	0	0	1	0	0	1
0	1	0	0	1	0	1	0	1	0
0	1	0	0	1	0	1	1	0	0
0	1	0	0	1	0	1	1	0	0
0	1	0	0	1	0	1	0	1	0
0	0	1	1	0	0	1	0	0	1
0	0	0	0	0	0	0	0	0	0

1= ■
0= □

第六章 计算机视觉识别原理

还原的图像内容是：_____

读一读

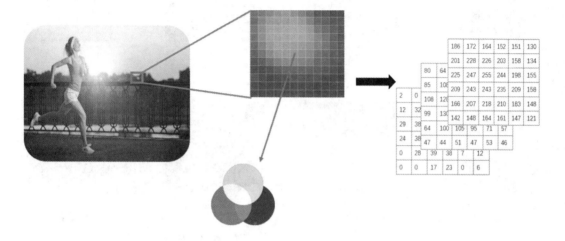

图中我们局部放大图片的一小块区域，能看到的小格子便是构成图片的最小的单位——像素。像素是由图像的小方格组成的，每一个方格是一个像素，许许多多的像素就组成了图像。

每个像素有单独的颜色信息，由红、绿、蓝三原色按比构成。计算机最通用的方法是把红、绿、蓝划分为0~255范围内的亮度数值，共256阶。任意可见光的颜色均可通过不同阶值的三原色来构成。

比如白色光，是由亮度均为255的红光、绿光和蓝光组合而成的。

做一做

通过游戏体验一下计算机图像记录编码解码的过程：

·每位同学从下图中选择一张图，根据图中每个格子的颜色自己编码，形成编码数据表格；

·完成后同桌互换编码表格，根据表格解码图像，看看能否解出同桌画的是哪张图片。

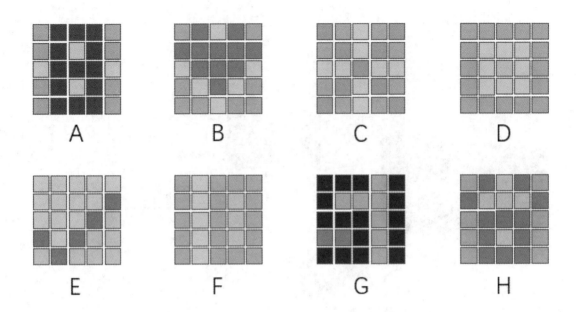

示例说明编码解码过程：

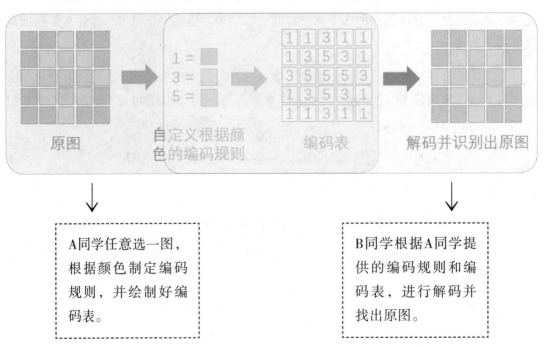

A同学任意选一图，根据颜色制定编码规则，并绘制好编码表。

B同学根据A同学提供的编码规则和编码表，进行解码并找出原图。

3. 图像处理

计算机采集到的图片是原始图片，需要计算机通过各种人工智能的算法来进行预处理，形成可以用于特征判断的图像。

第六章 计算机视觉识别原理

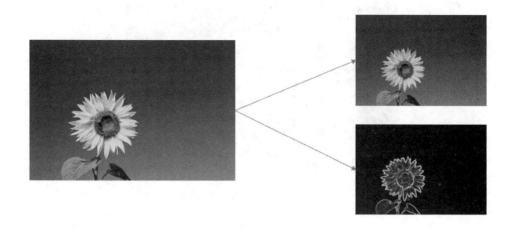

做一做

通过边缘检测实验，体验一下图像处理的效果。

·通过新智人科教平台，将"边缘检测"程序下载到魔盒中

·通过摄像头进行拍照，图像效果会展现在屏幕上

想一想

以上的实验对图片的处理会有什么作用呢？

做一做

通过图像遗传密码实验，体验一下图像处理的效果。

·通过新智人科教平台，将"图像遗传密码"程序下载到魔盒中

·通过摄像头进行拍照，稍等片刻，图像效果会展现在屏幕上，尝试切换样式，体验不同的图像处理效果

新智人　新时代

想一想

通过"图像遗传密码"处理的图片，有什么相同点和不同点？

4. 主体识别

看一看

看一看这几张图片，迅速说出你看到了什么？

第六章 计算机视觉识别原理

想一想

第一张照片你的回答是不是人造卫星,第二张照片是不是奔跑的人,第三张照片是不是鸟巢呢?想一想,为什么第一时间说出的不是地球、夕阳和湖面呢?

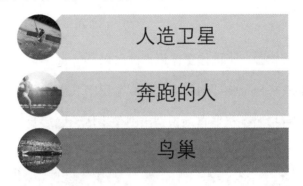

学一学

看到同一张图片,每个人的关注点是有差异的,第一时间说出的图片内容也不尽相同。但是人类对图像的认知过程是类似的,首先人类会根据获取的图像,进行整体判断,获取自己第一时间希望获取的关注点。这个关注点可能是一个局部物品,也可能是整体的背景,还可能是刨除个别不重要信息的部分区域。

说一说

看下面这张图片,快速说出你的第一关注点是什么?

第一关注点:_____

读一读

人工智能想要实现一些帮助人类的视觉应用,必须要明确目标,提前知道自己的关注点,并进行识别。比如我要识别人脸,就需要把人脸以外的背景去除掉,然后再进行进一步处理。现在的相关技术在很多领域内已经比较成熟,实现了行业应用,该技术被称为"主体识别"。

图像的主体指图像中突出表现的物体,在图像中占据较大的面积或特定的位置,并与背景形成较大的反差。图像主体识别就是对图像的关键主体进行检测并识别。

做一做

通过主体检测实验体验一下图像主体识别的效果。

·通过新智人科教平台,将"图像主体检测"程序下载到魔盒中

·通过摄像头进行拍照,机器自动识别出图像主体,之后我们需要对图像的主体内容进行辨认

说一说

在主体识别实验中,计算机识别的主体与你希望识别的主体是否一致?什么样的主体更容易被计算机识别?

5. 分辨事物

分辨事物是图像识别流程的最后一步。

机器通过对图像的数字化采集、预处理、主体识别后，它能准确分辨出物体到底是什么。那么机器是如何拥有这种分辨事物的能力的呢？下一章我们继续来探讨。

评一评

通过本章的学习，你对"计算机视觉识别原理"有了哪些了解？在下面的表格中按实际情况进行评分。

内容	自己评			老师评
	我知道	我了解	我会讲	
图像识别的流程				
主体识别				

第七章 机器识物

【导读】

　　计算机视觉我们可以简单地理解为通过算法模型来给机器装上眼睛，像人类一样，通过眼睛可以看到图像，然后通过认知来理解图像。计算机视觉可以对图像数据进行识别和分类处理，让计算机能够感知周围的环境。

　　本章将继续了解计算机视觉，下面开始我们的课程吧。

1. 计算机视觉

想一想

计算机视觉在身边有哪些应用？

读一读

　　同学们在逛植物园的时候，有没有不认识的植物，你是怎么处理的呢？第二章中我们介绍过一款叫作"花伴侣"的APP，对准植物扫一扫，轻松获取植物介绍。

新智人 新时代

现如今智能手机提供了很多扫一扫识别植物的功能,大家集思广益,说一说你还在哪些APP中用过类似的功能。

在许多行业中,如安防、军事、教育、医疗、农业、工业等领域也都涉及机器识物,比如天网系统、智能导弹、智能门禁、医疗成像、无人驾驶设备、工业生产自动计数设备等都应用到了计算机视觉的技术。

2. 机器分辨事物的能力

同学们听说过一个"指鹿为马"的成语吗?它讲的是一个混淆是非的历史故事。我们设想一下当年的那头鹿如果被今天的智能机器来识别,还能发生"指鹿为马"的事件吗?

学一学

在生活中,我们很容易认识和辨别出不同的事物,我们是如何辨别的呢?

先观察第一张图片,左侧是一个红色的正方形,右侧是一个蓝色的圆,这是我们很容易识别出来的。我们从三个维度认识了这两个图形,即大小、形状和颜色。

看到第二张图片的时候,我们可以脱口而出,向日葵和玫瑰花。跟认识第一张图片一样,在我们的认知中是有一个维度划分的,像第二张图片我们根据对事物种类、大小、颜色、形状、纹理等不同维度的描述,然后整合描述的特征,确定出事物的名称。

早期的人工智能也是模拟人类这种维度划分的方法来认识事物的,但是它有局限性,让机器学会认识一个事物,需要人类尽可能多的枚举事物的特征,然后训练机器,但是枚举某一事物特征的这个过程是不太容易的。

我们通过下面这个例子来认识一下人类枚举事物特征的局限性。

图片中呈现的都是杯子,这是我们的共识,但是外形各异的杯子,你能描述清楚它们的特征吗?同学们可以尝试一下,尽可能全面地描述杯子的特征并把杯子的特征罗列到下面的表格中。

特征1	
特征2	
特征3	
特征4	
……	
……	

利用上述大家总结的特征，我们能否判断符合这些特征的就是杯子吗？

现代人工智能通过优化的算法，让机器根据人类给定的判断依据自主学习，自主发觉特征，自主建立无法通过人类语言表述的识别模型。机器学习赋予了机器视觉的生命力，通过学习，机器构建了自己的视角，大大提高了机器识物的效率和能力。

3. 机器识物实验

做一做

通过下面系列的实验来体验机器识物的效果。

（1）通用场景识别

· 通过新智人科教平台，将"通用场景识别"程序下载到魔盒中

· 通过摄像头进行拍照，系统识别出镜头中的图像主体，会自动识别出当前图像的名称，并将相关百科知识展示出来

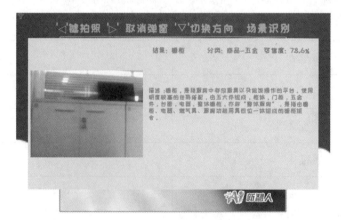

通用场景可以广泛识别物体，不分物体的类别。在生产、生活的实际应用中，机器

识物的专业方向比较多，比如只进行植物识别、动物识别或者车辆识别等。下面让我们继续体验吧。

（2）动物观察家

·通过新智人科教平台，将"动物识别"程序下载到魔盒中

·通过摄像头对身边的动物（或者动物照片）进行识别

·在报告中记录识别的过程、结果以及相关描述

（3）小小园艺师

·通过新智人科教平台，将"植物识别"程序下载到魔盒中

·通过摄像头对身边的植物（或者植物照片）进行识别

·在报告中记录识别的过程、结果以及相关描述

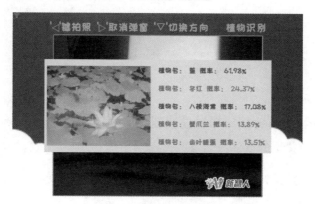

（4）汽车小编辑

·通过新智人科教平台，将"车辆识别"程序下载到魔盒中

- 通过摄像头对汽车照片进行识别
- 在报告中记录识别的过程、结果以及相关描述

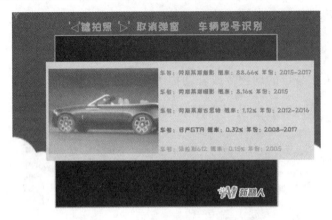

想一想

在以上实验过程中,你遇到了哪些问题?你是如何解决的?各个实验的识别正确率如何?

4. 机器的进阶认知

说一说

我们人类从事物表面特征认知,过渡到简单的事物属性认知,再深入到事物与事物、事物与人的社会关系的认知。

那么机器通过视觉认知世界的过程,也会类似人类从感受世界到认知物品,再慢慢进化到对社会的认知吗?

写一写

结合之前学过的图像识别的知识,请设想一下人工智能设备的婴儿、儿童、成人时

期对向日葵的认知程度的具体表现。

参考答案：

婴儿时期	儿童时期	成人时期
黄色 太阳状花瓣 圆形花盘 中间深黄色 下面绿色叶子 ……	向日葵	向日葵 一种植物 需要浇水 花常面向太阳 果实是葵花籽 ……

参考分析：

· 人工智能婴儿时期：进行图像识别，获取图像主体的颜色、形状等基本信息

· 人工智能儿童时期：通过学习模型掌握的特征，识别出图像主体中的具体分类名称。如苹果、桌子、台灯、老师等

· 人工智能成人时期：对识别出的名称映射出社会关系属性，以及相关的知识内容

读一读

在人类之间，成人与儿童在认知层面的差异，主要是知识的层次的差异，成人一般比儿童拥有更多的知识储备，在大脑中可以构建更加复杂的知识网络。

在人工智能领域内，这种知识网络形象化地表述出来，就是"知识图谱"。第四章中我们提及了"知识图谱"这一概念，这里做一些补充介绍。

知识图谱本质上是语义网络的知识库，可简单理解为关系网络图。对比了解人脑的知识图谱和人工智能的知识图谱的表现。

· 人脑的知识图谱：比如在成人大脑中，给你一个苹果的词语，你能联想到哪些词语呢？甜、红色、黄色、绿色、有籽、脆、牛顿、水果、万有引力等

- 人工智能的知识图谱：人工智能如何认识C罗，构建的知识图谱如下：

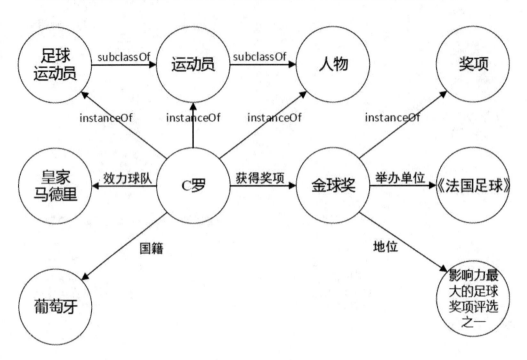

以上关于C罗的知识图谱是由节点(图中的圆圈表示)和边(图中的箭头表示)组成的。知识图谱提供了从"关系"的角度分析问题的能力。

画一画

试着以"我"为节点，完成关于"我"的关系网络图。

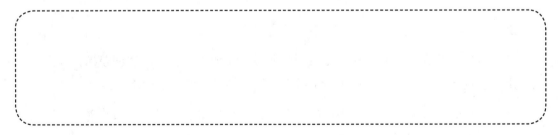

想一想

人工智能图像识别在认知社会事物中可以有哪些创新的应用场景？

第七章 机器识物

评一评

通过本章的学习,你对"机器识物"有了哪些了解?在下面的表格中按实际情况进行评分。

内容	自己评			老师评
	我知道	我了解	我会讲	
计算机视觉的应用				
机器的社会认知				

第八章

像人类一样学习

【导读】

　　人类的成长离不开不断的学习，我们天天都在学习。对于人类的学习过程，我们是熟悉的，在成长的过程中我们学习词语、学习事实、学习行为，通过不同内容的学习，通过不停的学习，让自己变得聪慧且强大。

　　同样的，人工智能的发展，也离不开学习。人工智能最核心的思想就是模拟人，像人类一样来学习。那么机器是如何像人类一样进行学习的呢？让我们通过本章来了解一下吧。

1. 人类学习的方式

想一想

以下这些物体在婴儿、儿童、成人眼中有什么不同呢？试着描述一下。

物体	婴儿眼中	儿童眼中	成人眼中
 (台灯图片)			

✂			
🦆			

读一读

在人类成长的过程中，视觉的变化并没有非常大。但随着人类的成长，人类经过不断的学习积累，对各个事物的认知在不断变化。在这个过程中，人类的认知系统在不断发展，不断完善。

认知包括感觉、知觉、记忆、思维、想象和语言等。

人脑接受外界输入的信息，经过头脑的加工处理，转换成内在的心理活动，进而支配人的行为，这个就是认知过程。

认知过程是一个学习的过程，包括被动认知学习和主动认知学习。比如，我们不小心触碰到尖锐的物体，本能地躲避让我们知道了尖锐的物体会刺痛皮肤给人带来痛感；比如，我们通过阅读了解了书籍里面的人物关系、故事情节等，通过理解学会了奇数、偶数、整数、分数等数学概念。

说一说

学习是什么？

学习，是指通过阅读、听讲、思考、研究、实践等途径获得知识或技能的过程。学习可以从狭义和广义两种角度来理解。

狭义理解：通过阅读、听讲、研究、观察、理解、探索、实验、实践等手段获得知识或技能的过程，是一种使个体可以得到持续变化（知识和技能，方法与过程，情感与价值的改善和升华）的行为方式。例如通过学校教育获得知识的过程。

广义理解：人在生活过程中，通过获得经验而产生的行为或行为潜能的相对持久的行为方式。

第八章 像人类一样学习

谈一谈

从小到大我们是如何学会词语、学会认识事实、学会某种行为的呢？

（1）比如，你如何学会"饥饿"和"化身"这两个词语呢？

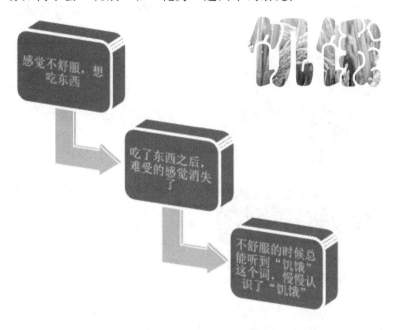

类似于"饥饿"这样的词汇，我们不是通过反复解释，而是长期沉浸在适当的语言环境中才认识的。我们将这种认识称为直接经验的学习。

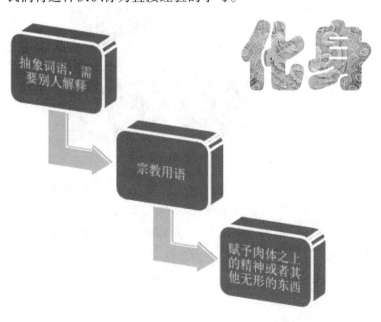

类似于"化身"这样的词汇，如果我们真正认识了这个词，那就要归功于语言，因为我们听到或读到了关于词义的解释。我们无需反复练习，只需在词典里查一查，就可以正确地使用它。我们将这种认识称为语言的学习。

（2）比如，你如何学会"成熟的樱桃是红色的"和"熊会冬眠"的这些事实呢？

（3）再比如，你又如何学会"骑自行车"这种行为呢？

学习自行车，你需要依靠反复实践，不断纠正错误，进而获得骑行技能的提高，就像鸟儿学习飞翔一样，你掌握这一技能之后，它就成为你的第二天性。一段时间之后，你逐渐将此事淡忘。但是当你再次骑上自行车时，你的身体就会不由自主地知道该怎么做了，而你则可以自由自在地思考别的事情了。

写一写

通过以上对于"词语""事实""行为"学习的认识，总结一下人类认识周围世界的方式。

第一种：

第二种：

分一分

下列词语中，哪些是长期沉浸在适当的语言环境中习得的，哪些是需要通过别人解释才能明白的？分别用"□"和"○"圈住对应的词语。

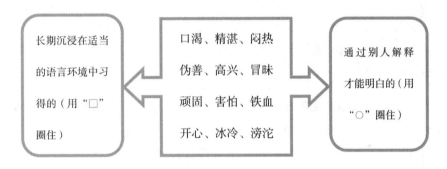

连一连

下列哪个是通过直接经验而非语言进行学习的事实，哪个是完全通过语言进行学习的事实？

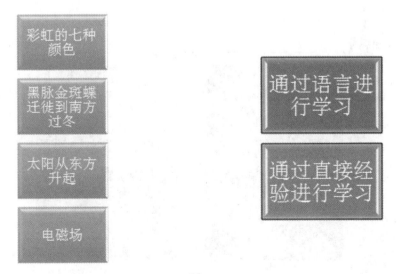

2.机器学习的方式

想一想

人工智能技术的精髓,就是让机器像人类一样去感知、认知、思考、自我控制。机器真正进入智能时代,最大的一个技术跨越,就是机器具备了类似人类的学习能力,让机器模仿人类学习的方式去进化。那么机器的进化也像人类一样,通过直接经验和语言进行学习吗?

学一学

机器学习基于学习方式分类,可分为监督学习、无监督学习和增强学习。

监督学习可以简单理解为概念学习,比如,在你很小的时候,你看到红苹果、青苹果、大苹果、小苹果,妈妈会告诉你这些都是"苹果"。

无监督学习可以简单理解为归纳推理的学习,比如,你认识了红苹果之后,又看到了红西红柿、红辣椒、红衣服、红领带,你觉得它们有相似的地方,妈妈又告诉你这种相似之处叫作"红色"。

等你上了小学,你需要面对考试,难免会做错题,作为一个优秀学生,你要自己将错题重新解答,直到最后得出正确答案,人类用思考和修正错误的方法,提升自己对知识的掌握和认知。在人工智能领域,将这个过程称为增强学习。

看一看

看一看下面四张图片,你看到了什么?你的这种认知在人工智能领域相当于监督学习还是无监督学习呢?

看到了_____

这种认知属于_____

第八章 像人类一样学习

做一做

通过新智人人工智能的设备来完成监督学习和无监督学习的实验。

实验一：监督学习

- 通过新智人科教平台，将"颜色学习"程序下载到魔盒中
- 通过摄像头将不同颜色的图片录入系统，让机器进行学习
- 完成后，进行颜色识别检测

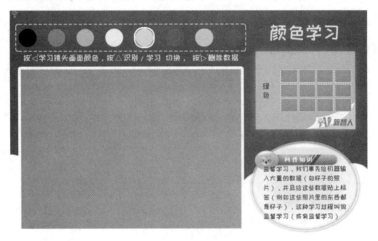

实验二：无监督学习

- 通过新智人科教平台，将"无监督学习"程序下载到魔盒中
- 向系统录入一些颜色特征明显的色块图片
- 机器自动学习，完成后，自动将图片主体颜色对应的图片分类显示

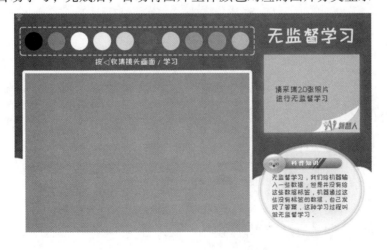

新智人　新时代

答一答

（1）在以上完成的实验中，它们的识别率高吗？

（2）如果给实验一（监督学习）加入我学习的样本，把绿色标注为红色，蓝色标注为绿色，红色标注为蓝色，让机器重新学习，会得出怎样的结果呢？

评一评

通过以上内容的学习，你能为自己涂亮几颗小星星呢？

内容	涂一涂
了解监督学习	☆☆☆☆☆
了解无监督学习	☆☆☆☆☆

第九章

人工智能之棋艺

【导读】

　　2016年3月，AlphaGo与围棋世界冠军、职业九段棋手李世石进行围棋人机大战，以4比1的总比分获胜；2016年年末至2017年年初，该程序在中国棋类网站上以"大师"（Master）为注册账号与中日韩数十位围棋高手进行快棋对决，连续60局无一败绩；2017年5月，在中国乌镇围棋峰会上，它与当时世界排名第一的世界围棋冠军柯洁对战，以3比0的总比分获胜。

　　4：1、60：0、3：0，AlphaGo如此"无敌"的战绩，我们不禁要问，它的围棋能力来源于什么，人类能反超吗？AlphaGo能给我们带来哪些反思呢？

1. 井字棋

说一说

说一说你喜欢的棋类游戏以及它的游戏规则，列举到下面的表格中。

棋类游戏	游戏规则

做一做

井字棋，是一种在3×3格子上进行的连珠游戏，和五子棋类似。游戏需要的工具仅为纸和笔，然后由分别代表O和X的两个游戏者轮流在格子里留下标记，任意三个标记形成一条直线，则为获胜。同学们两两分组做一下吧。

说一说

在下井字棋的时候你是怎么想的？每落一子有没有想到后面对手的棋路呢？你最多能想到几步的结果呢？

读一读

从理论上讲，井字棋一共可能有19683种状态和362880种过程。

不考虑重复，每个格子都有三种可能，分别是X、O和空，所以是：$3^9=19683$。

如果不把追求获胜的判定算进去的话，9步下完，第一步有9个格子选择，第二步有8个格子选择，第三步有7个格子选择，以此类推，所以是：$9×8×7×6×5×4×3×2×1=362880$。

如果你在跟机器对战的话，它能在很短时间内计算出棋局发展的可能性。

2. 五子棋

答一答

五子棋的棋盘布局是怎样的，纵、横方向上各由多少条平行线构成呢？

```
┌─────────────────────────────────────────┐
│                                         │
│                                         │
│                                         │
│                                         │
└─────────────────────────────────────────┘
```

做一做

五子棋是全国智力运动会竞技项目之一，是一种两人对弈的纯策略型棋类游戏。通常双方分别使用黑、白两色的棋子，下在棋盘竖线与横线的交叉点上，先形成五子连线者获胜。

接下来通过小组之间的五子棋对弈来角逐出前四名，再分别跟机器进行人机对弈，看看人机Battle的结果。

◆ 自制棋盘，开始人人Battle，角逐出前四名选手

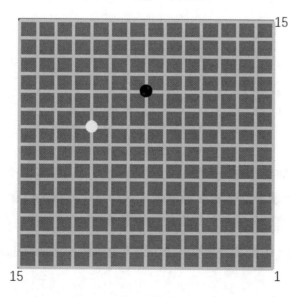

◆ 计算机浏览器搜索"网页版五子棋"→打开网页版五子棋界面→让人人Battle获胜的四位选手依次跟机器对战→统计人机对战比分

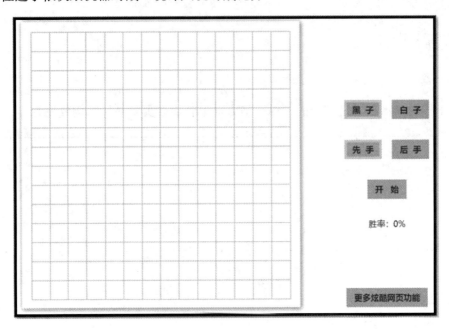

想一想

在以上完成的人机Battle中,如果机器总能够大比分胜出?想想是为什么呢?简述理由。

读一读

机器学习是人工智能的核心,是使计算机具有智能的根本途径。人类在跟计算机进行五子棋Battle中,计算机会依据棋局的进展选择落子的最优位置。因为计算机有强大的运算能力,所以总会领先人类计算出最佳的落子方案。

在人工智能领域关于棋类游戏的对战中,不得不再次提到AlphaGo。

第九章 人工智能之棋艺

它是第一个击败人类职业围棋选手、第一个战胜围棋世界冠军的人工智能机器人。

据资料显示，AlphaGo收录和研究的棋局超过3000万个。如果一个人以30分钟一局的正常速度下棋，这些棋局需要花1700年才能完成，而AlphaGo凭借强大的运算能力和深度学习方法能以每步2微秒（1秒=10^6微秒）完成。

相比于井字棋和五子棋，围棋的下法更加庞大，无法用枚举法一一计算出所有可能，因此，下围棋更多需要的是一种直觉和灵性。从人机对战的直观结果看，AlphaGo的棋艺远胜于人类。

写一写

AlphaGo作为人工智能棋类游戏的杰出代表，它能给我们带来哪些思考呢？

做一做

人工智能除了在棋艺上有很高的造诣，还广泛涉足于书法、绘画等领域。同学们课下关注一下相关信息，后面章节跟大家分享人工智能的"艺术魅力"。

评一评

通过本章的学习，你对"人工智能之棋艺"有了哪些了解？在下面的表格中按实际情况进行评分。

内容	自己评			老师评
	我知道	我了解	我会讲	
井字棋、五子棋下法				
AlphaGo的棋艺能力				

第十章

辩论赛

【导读】

人工智能的发展给人类带来新机遇的时候,也给人类带来了新的挑战。

随着人工智能在教育、医疗、养老、环境保护等领域的广泛应用,它将大大提高公共服务水平,全面提升人民的生活品质。但同时,随着人工智能的广泛普及,它也将带来改变就业结构、冲击法律与社会伦理、侵犯个人隐私等问题。如何合理地约束和引导人工智能的发展是一个非常重要的命题。

本章我们对人工智能的当下和未来进行两场头脑风暴似的辩论。

1. 强、弱人工智能

说一说

机器学习使机器具备了某一种能力。如果我们能选择具备某一种能力的机器作为自己的小伙伴,那么,你希望它具备什么能力呢?

读一读

以上提到的具备单一能力的机器我们称它为弱人工智能。

弱人工智能(Weak AI),又称应用人工智能,指的是只能完成某一项特定任务或者解决某一特定问题的人工智能。苹果公司的Siri就是一个典型的弱人工智能,它只能执行有限的预设功能。同时,Siri目前还不具备智力或自我意识,它只是一个相对复杂的智能程序。

强人工智能（Strong AI），又称通用人工智能，指的是可以像人一样胜任任何智力性任务的智能机器。这样的人工智能是人工智能领域研究发展要实现的长远目标，很多科幻小说和科幻电影中均有刻画强人工智能的角色，比如《超能陆战队》中的大白。

2. 辩论

辩一辩

随着人工智能的发展，从弱人工智能到强人工智能，未来的某一天，智能机器是否会超越人类？学生分组，完成本辩题。

- 正方立场：智能机器会超越人类
- 反方立场：智能机器不会超越人类

列一列

在辩论赛中，正方用到了哪些论点，反方又用到了哪些论点，在下面罗列若干条。

正方立场论点	
反方立场论点	

读一读

人工智能概念的提出虽然已经60余年了，但发展至今，我们身边的很多智能设备还处在弱人工智能阶段。要实现强人工智能需要机器具备思考能力、交流能力、学习能力、计划能力以及利用自身能力达成目标的能力等。

强人工智能之路，需要综合能力的赋予，现阶段我们从弱人工智能的技术和应用领域来了解人工智能，对于未来，我们共同努力。

辩一辩

弱人工智能的应用在生活中比比皆是，比如可以人机对话的智能音箱设备、能够人脸识别的智能摄像头、能够语音识别的音频设备等。当这些设备在我们生活中随处可见的时候，给我们带来便利的同时，也实时获得了我们每个人的信息。你觉得是好是坏呢？

· 正方立场：好

· 反方立场：不好

列一列

在辩论赛中，正方用到了哪些论点，反方又用到了哪些论点，在下面罗列若干条。

正方立场论点	
反方立场论点	

读一读

人工智能的出现，造福了我们的生活，为国防安全和经济社会发展带来了很大的助力。随着人工智能的发展，也暴露出一定的问题，即个人隐私与公共安全、生活便利的矛盾。如何安全使用个人信息不被滥用、盗用、冒用，这是需要我们积极思考的问题，是需要社会的集体智慧来平衡的。

3. 超人工智能

学一学

我们前面讨论了弱人工智能在当下对我们生活的影响，又讨论了弱人工智能向强人工智能的发展，以及是否有超越人类的可能。

今天还有一种声音，就是人工智能的发展走向超级智能化。牛津大学教授Nick Bostrom把超人工智能定义为："在几乎所有领域，人工智能都比最聪明的人类大脑都聪明很多，包括科学创新、通识和社交技能。"

当我们还能理性地看待强人工智能可能会超越人类这个问题时，我们又将如何看待超人工智能作为新文明给人类带来的威胁呢？

评一评

本章的知识掌握的怎么样呢？通过涂小星星的方式给自己打打分吧。

内容	涂一涂
知道了弱人工智能的概念	☆☆☆☆☆
知道了强人工智能的概念	☆☆☆☆☆
能区分开弱人工智能和强人工智能的属性	☆☆☆☆☆

第十一章 机器识字

【导读】

人类历史悠久，发明创造的文字种类繁多。随着全球化的推进，我们可能要和不同国家的人打交道，去不同的国家旅游，为了交流、阅读、生活的方便，我们该怎么办呢？如果我们有一个认识不同国家文字的机器人小管家，我们是不是就方便很多了呢？

在我们身边还有很多老人、盲人等有阅读的需要，如何高效地帮助他们提高阅读的质量呢？如果他们有一个机器人伴读，是不是就方便很多了呢？

1. 机器识字的应用

想一想

如果你是一名图书管理员，需要将1万本书的目录完成电子录入，怎么尽快地完成这项工作呢？你有什么好的办法吗？

学一学

为了解决以上问题，你有没有想到使用文字识别的技术呢？那么什么是文字识别，它的特点是什么呢？

文字识别是利用计算机自动识别字符的技术，是模式识别应用的一个重要领域。

利用计算机运算速度快、识别准确的特点，可快速捕获文字信息，进而大大减轻人类打字录入的工作量，提高工作效率。

新智人 新时代

20世纪50年代初,人们开始探讨一般的文字识别方法,并研制出光学字符识别器。60年代出现了采用磁性墨水和特殊字体的实用机器。60年代后期,出现了多种字体和手写体文字识别机,其识别精度和机器性能都基本上能满足要求。如用于信函分拣的手写体数字识别机和印刷体英文数字识别机。70年代主要研究文字识别的基本理论和研制高性能的文字识别机,并着重于汉字识别的研究。

写一写

想一想生活中还有哪些工作能够应用到文字识别的技术。在下面的表格中列举出来。

文字识别的应用	

2. 人类初识文字

猜一猜

观察下图,它是一封来自远古时代的信,让人看起来难以琢磨。你能推断出这封信想要表达的内容吗?试着写出来。

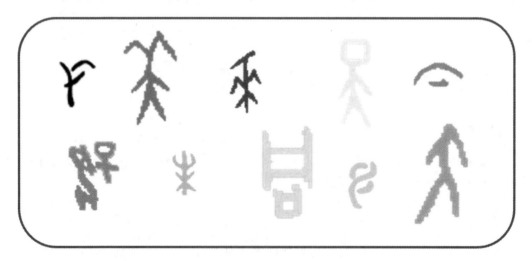

看一看

经过语言学家不断的考究、探索,终于搞清楚了这封远古书信想要表达的意思。文字的对应关系如下图,看一看,你猜想的意思是否正确?

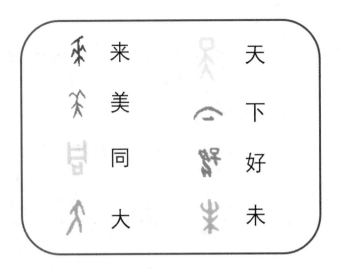

想一想

同学们,你们写过书信吗?为什么以上的书信中有些字符没有被翻译过来呢?

读一读

现代人类写书信总会加入一些非文字的字符,比如逗号、句号等。来自远古时代的信件也是一样的,书信中不一定全是可以解读的文字。那些非文字的字符还需要语言学家进一步来研究它们想表达的意思。

解读远古书信的过程类似于我们学习、辨识文字的过程。它是一个学习文字音、形、意的过程。

那么机器又是如何学会认识文字的呢?

3. 文字识别技术

读一读

对于机器而言,文字识别是将文字图像转化为机器可以处理的文本。

计算机识别人类文字与我们识别古文字所经历的过程类似,都是不容易的。在最开始面对文字图像时,机器和我们一样,不能准确地检测出哪些符号是文字,哪些符号不是文字。后来随着学习,掌握了文字的形状特征,以及上下语境的关系,就可以成功获取文字要表达的内容了。

学一学

计算机文字识别大体分为三个步骤：图文输入、预处理、单字识别。

（1）图文输入

计算机首先对文字图像进行拍照或者扫描。

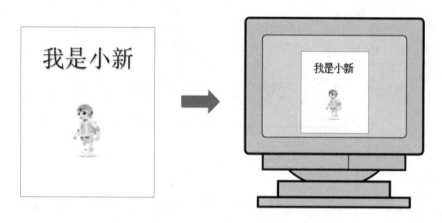

（2）预处理

文字识别的预处理和普通图像识别预处理一样，为了使文字图像更加清晰，便于后续的文字识别。

计算机把图片中的文字和非文字区域分开，再把待识别的文字进行分割，变成一个个单字。

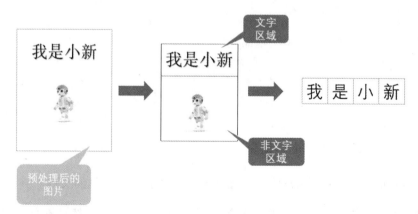

（3）单字识别

计算机在识别文字的时候，需要把它看到的文字与数据库中已有的文字进行对比，找出最相似的那个。

第十一章 机器识字

测一测

应用新智人教学设备完成文字识别的实验。

(1) 通用文字识别

· 通过新智人科教平台,将"文字识别"程序下载到魔盒中

· 通过摄像头进行拍照,稍等片刻,识别的文字信息会展示出来

(2) 手写文字识别

· 通过新智人科教平台,将"手写字体识别"程序下载到魔盒中

· 通过摄像头对手写字进行拍照,稍等片刻,识别的文字信息会展示出来

想一想

中文、英文、日文、阿拉伯文……世界上有很多种不同的文字，存储着不同文明的信息。不同的文字符号，有什么相同点和不同点？拿中文和英文比较，对于计算机来说，识别文字的过程有什么相同点和不同点？你觉得哪种文字识别更难？

做一做

生活中，在很多场景中需要识别身份证、银行卡、车牌等信息，他们都用到了文字识别的技术。接下来，通过新智人科教平台一起来体验一下这些场景的识别效果吧。

4. 设计简易阅读器

想一想

小明的爷爷眼睛花了，阅读书籍报刊不方便，你有什么好的办法吗？有没有想到要打造一个可以读书识字的自动阅读器来帮助小明的爷爷阅读书刊呢，那么你将如何来实现呢？

第十一章 机器识字

学一学

"机器识字"属于人工智能的关键技术之一，要想实现机器识字的技术就需要通过"编程"来实现。编程就是编写程序，它是给计算机下命令的过程。在小学阶段，我们通过图形化编程语言来实现"程序命令"。本书中我们将学习使用"新智人科教平台——AI创乐园"来实现各种场景的编程需求，编程过程像搭建积木一样，在程序栏选择你需要的模块，在编辑区将他们按照你的编程逻辑拼接起来。每一个模块都有自己的功能含义，让我们一起来探索实践吧。

认一认

打开新智人科教平台，完成登录后，选择"AI创乐园"选项。

· 认识程序栏

程序栏内含窗口程序的模块、人工智能应用分类的模块、硬件设备分类的模块、基础模块以及一些基本应用场景的模块等。

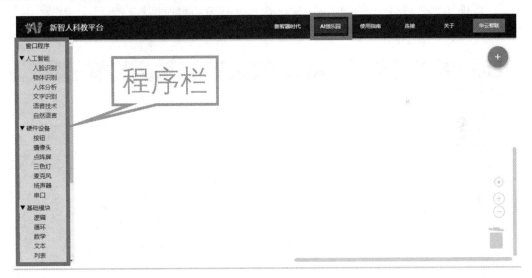

· 认识编辑区

编辑区即放置程序栏模块的位置，通过程序栏相关模块的拼接来实现程序命令。

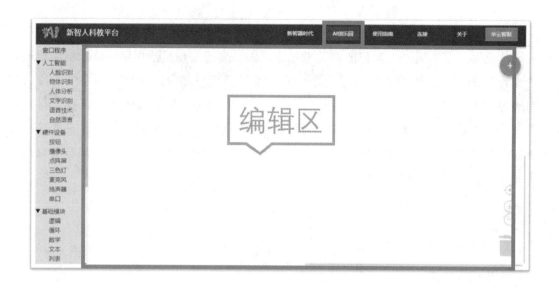

·认识垃圾桶

垃圾桶用来存放程序编辑中不需要的模块。在编辑程序的过程中对于编辑区中不需要的模块直接拖曳到垃圾桶中即可。

·工具箱

工具箱中包含上传按钮、保存按钮、代码按钮、导入按钮等。

上传按钮的功能是将编辑好的程序上传到智能硬件中；保存按钮的功能是将编辑好的程序保存起来；代码按钮的功能是查看图形化编程程序的字符代码内容；导入按钮的功能是将保存的程序导入编辑区中。

第十一章 机器识字

写一写

如果想要实现自动阅读器的功能，那么它的工作流程应该是怎么样的呢？试着写一写。

比一比

将你写出的工作流程和以下的工作流程做一个对比，看看二者有什么区别，比较一下谁的工作流程更加完备一些。

工作流程说明：首先通过摄像头完成文字图片拍照，接下来通过文字识别，将图片中的文字转化为文本文字，再通过语音合成，将文本文字转化为语音，最后通过扬声器进行语音朗读。

做一做

要实现自动阅读器的功能，我们需要学习各种基本模块的功能作用，我们先通过一些小实验来认识编程中涉及的基本模块，然后整体输出一个自动阅读器的图形化编程程序。

（1）实验一：初识编程

初学编程的人，一般首先会学习输出一句"Hello World"的程序。那么新智人科教平台——AI创乐园的图形化编程应该如何实现"Hello World"的输出呢？

这里我们首先采用窗体弹出的方式来输出。我们直接调取AI创乐园中的示例程序来体验一下。

① 示例路径：AI创乐园→程序栏→示例→小学版→机器识字→初识编程

② 实验说明：

将"初识编程"的程序在编辑区中打开，在保证魔盒和新智人科教平台已经通过"连接"建立联系的情况下，点击工具箱中的"上传按钮"，等待程序上传成功（魔盒指示灯闪烁）后，显示屏窗口显示"Hello World"的内容。

③ 模块说明：

以上程序一共用到了三个模块，分别是"启动程序模块、窗口显示模块、字符串模块"。

·认识"启动程序模块"

"启动程序模块"作为实验的通用模块，每次编辑时都需要先将它拖曳出来，然后将其他模块按需求拖曳到它的内部，进而实现相应的功能。

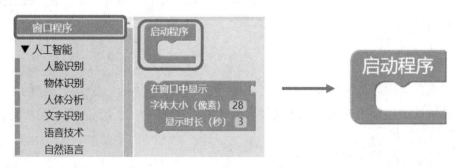

第十一章 机器识字

·认识"窗口显示模块"

"窗口显示模块"在需要窗口输出文字的时候使用。模块包括两个参数：字体大小、显示时长。模块参数根据实际需求来调整。

·认识"字符串模块"

"字符串模块"在需要文字输入的时候使用，支持英文和中文两种语言。

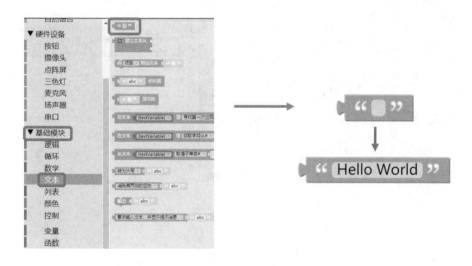

④ 实验练习：

·通过文字弹窗显示输出"我的祖国"，要求字号大小为32、显示时长为4秒，完成练习。

·自由练习，自行设定输出内容、字号和显示时长。注意字号大小合理值的设定。

⑤ 实验思考：

"我的祖国"或者"Hello World"除了以文字弹窗的方式显示，还能通过什么方式输出呢？

（2）实验二：大声朗读

接下来我们采用语音朗读的方式来输出"Hello World"。我们直接调取AI创乐园中的示例程序来体验一下。

① 示例路径：AI创乐园→程序栏→示例→小学版→机器识字→大声朗读

② 实验说明：

将"大声朗读"的程序在编辑区中打开，在保证魔盒和新智人科教平台已经通过"连接"建立联系的情况下，点击工具箱中的"上传按钮"，等待程序上传成功（魔盒指示灯闪烁）后，扬声器会播放出"Hello World"的声音内容。

③ 模块说明：

以上程序中新出现的模块，分别是"文字转语音模块、播放音频模块"。

· 认识"文字转语音模块"

"文字转语音模块"是将文字内容转化为语音内容的模块。模块包含四个参数：速度、音调、音量和性别。模块参数根据实际需求来调整。

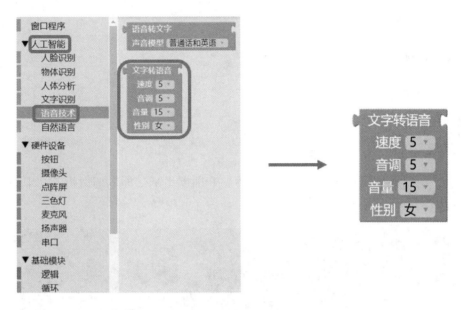

· 认识"播放音频模块"

"播放音频模块"是将语音内容输出的模块。

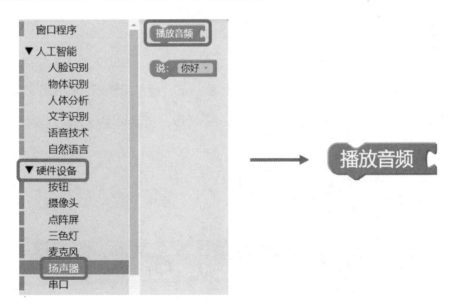

④ 实验练习：

各行各业的人们说话的方式和声音有着很大的区别，试着把语音合成的声音改成不同的样子！通过调整"文字转语音模块"的参数来实现。

形式一：春晚主持人

形式二：说唱歌手

形式三：老师

形式四：网红主播

⑤ 实验思考：

以上实验把键盘输入的文字转化为内容，并朗读出来。那么如何将书刊中的文字朗读出来呢？

> 回顾前面我们设计的简易阅读器的工作流程，要想让机器实现阅读书刊，需要给机器装上"眼睛"和"大脑"。首先通过"眼睛"来看到文字信息，即通过摄像头给文字图片拍照，再通过"大脑"来处理看到的信息，即通过文字识别技术来处理图片中的文字。

（3）实验三：简易阅读器

我们直接调取AI创乐园中的示例程序来体验一下"简易阅读器"的工作效果。

① 示例路径：AI创乐园→程序栏→示例→小学版→机器识字→简易阅读器

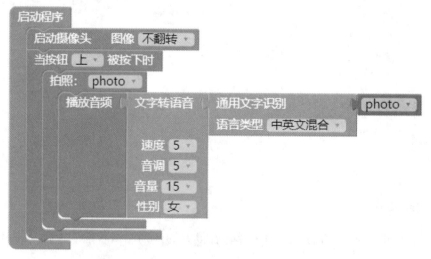

② 实验说明：

将"简易阅读器"的程序在编辑区中打开，在保证魔盒和新智人科教平台已经通过"连接"建立联系的情况下，点击工具箱中的"上传按钮"，等待程序上传成功（魔盒指示灯闪烁）后，启动摄像头开始工作，将摄像头对准待阅读的文字内容，按下魔盒上的"上键按钮"，扬声器会语音播报识别出的文字内容。

③ 模块说明：

以上程序中新出现的模块中除了按钮模块、启动摄像头模块、拍照模块，最核心的模块是"通用文字识别模块"。按钮模块、启动摄像头模块、拍照模块在后续课程中讲解。本章只介绍"通用文字识别模块"。

·认识"通用文字识别模块"

在摄像头对文字内容完成拍照后，调用"通用文字识别模块"识别出图片中的文字内容，文字内容再转成语音内容，进一步通过扬声器来输出语音内容。

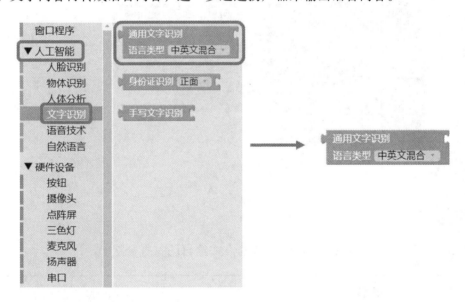

④ 实验练习：

通过设计好的简易阅读器替小明的爷爷阅读书籍报刊吧。查看一下机器阅读的效果，是否有需要改进的地方呢？

（4）选学实验：文章阅读器

我们直接调取AI创乐园中的示例程序来体验一下"文章阅读器"的工作效果。对比一下,本实验相较于"简易阅读器"实验有了哪些改善效果,跟大家分享一下。

示例路径:AI创乐园→程序栏→示例→小学版→机器识字→文章阅读器

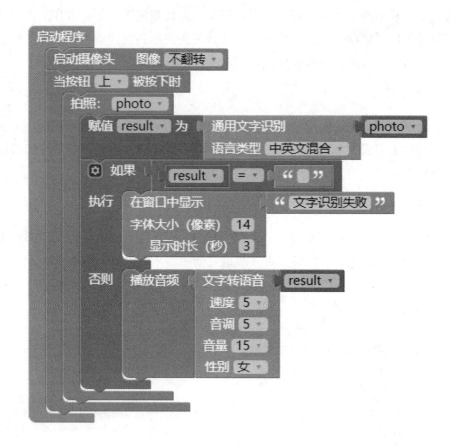

评一评

本章你学到了哪些知识?通过涂星星的方式给自己打打分吧。

内容	涂一涂
文字识别的应用	☆☆☆☆☆
机器识字的过程	☆☆☆☆☆
编程的知识	☆☆☆☆☆

第十二章

智能管家

【导读】

　　未来的一天：早起，你的小管家叫你起床，帮你播放起床的音乐，为你选配好一天要穿的衣服，你洗漱的时候，通过洗漱台上的镜子为你播放一天的工作计划或者学习计划。等你来到餐桌前，美味可口的早餐已经做好，等待你的享用。出门前自动驾驶的汽车已经在门口等你，出门后家里的清洁机器人自动为你打扫房间。晚上回家，在你快到门口的时候，门自动打开，家里的灯自动亮起来，空调开到合适的状态，等你享用好晚餐之后，电视自动打开，为你播放喜欢的节目。上床休息后，家里所有的照明设备自动关闭，轻音乐自动播放助你进入梦乡。

　　同学们，这样的一天是不是很方便呀，你们期许它的到来吗？今天带领大家一起认识一下现在的智能管家的代表，并打造一个简易的智能小管家。

1. 智能管家

想一想

　　同学们，在你们的印象中，传统意义上的管家都是什么样子的，他们都要做哪些工作呢？

读一读

随着计算机语音和视觉技术的逐步成熟,人机交互的产物慢慢走进了人们的视野,智能管家随之产生。智能管家可以说是一种集大成的物质存在。对智能管家的应用在人工智能时代会成为家庭、学校、医院等人类生活、办公场所的必需。当前,智能音箱可作为物联网时代下智能管家的先驱代表。

说一说

生活中,大家用到的智能音箱,比如"小度""小爱同学"等,你是如何让它开始讲故事的呢?又是如何让它设置定时提醒的呢?

学一学

智能音箱一般能搜索信息、设置定时提醒、播放音乐等,那么它们是怎么工作的呢?我们一起来了解一下智能音箱的基本工作原理吧。

人类之间大多是通过语言的沟通来进行交流的,智能音箱也采用这种类人化的语言交互模式,完成与人的简单沟通,执行人类简单的命令。

它们的基本工作流程是:语音采集→语音识别→输出控制或语音提示。

2. 智能小管家

做一做

借助新智人教学设备及AI创乐园图形化编程工具,我们来打造一个智能小管家,实现语音控制灯、语音控制点阵屏以及语音的智能反馈。

要实现以上控制,我们需要学习相关基本模块的功能作用,我们先通过一些小实验来认识编程中涉及的基本模块,然后整体输出一个智能小管家的图形化编程程序。

（1）实验一：按钮控制点阵屏

我们直接调取AI创乐园中的示例程序来体验一下按钮控制点阵屏的效果吧。

① 示例路径：AI创乐园→程序栏→示例→小学版→智能管家→按钮控制点阵屏

② 实验说明：

将"按钮控制点阵屏"的程序在编辑区中打开，在保证魔盒和新智人科教平台已经通过"连接"建立联系的情况下，点击工具箱中的"上传按钮"，等待程序上传成功（魔盒指示灯闪烁）后，按下魔盒上的"上键按钮"，魔盒点阵屏显示"笑脸"。

③ 模块说明：

以上程序一共用到了三个模块，分别是"启动程序模块、按钮模块、点阵屏显示模块"。"启动程序模块"在上一章已经学习过了，本章重点学习"按钮模块和点阵屏显示模块"。

· 认识"按钮模块"

"按钮模块"在需要按钮控制的时候调用。模块包括上、下、左、右四个按钮键。

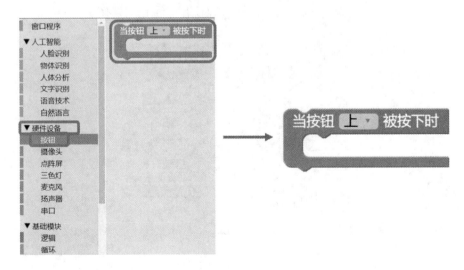

·认识"点阵屏显示模块"

"点阵屏显示模块"包括"笑脸""囧""爱心"等很多预置图案，可以通过控制输出不同的样式。

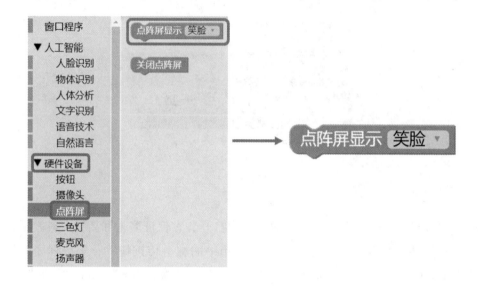

④ 实验练习：

如何实现"左键"控制输出"爱心"的图案？修改程序中的相关参数，完成练习。

⑤ 实验思考：

如何实现"上键"控制输出"囧"图案，"下键"控制输出"坦克"图案呢？

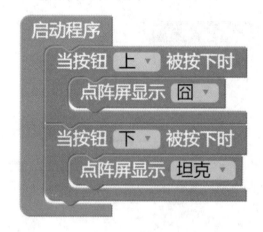

（2）实验二：按钮控制三色灯

我们直接调取AI创乐园中的示例程序来体验一下按钮控制三色灯的效果吧。

① 示例路径：AI创乐园→程序栏→示例→小学版→智能管家→按钮控制三色灯

② 实验说明：

将"按钮控制三色灯"的程序在编辑区中打开，在保证魔盒和新智人科教平台已经通过"连接"建立联系的情况下，点击工具箱中的"上传按钮"，等待程序上传成功（魔盒指示灯闪烁）后，按下魔盒上的"上键按钮"，魔盒点上的三色灯变红色。

③ 模块说明：

以上程序中新出现的模块是"三色灯模块"和"颜色模块"。简单认识一下。

·认识"三色灯模块"和"颜色模块"

"三色灯模块"与基础模块中的"颜色模块"配合使用，用以控制AI魔盒上三色灯的颜色。

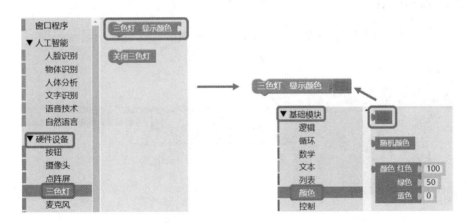

④ 实验练习：

如何实现"右键"控制输出的三色灯亮"蓝色"？又如何实现"右键"控制输出的三色灯亮"随机色"？修改程序中的相关参数，完成练习。

⑤ 实验思考：

如何实现"左键"控制输出"爱心"图案，"右键"控制输出三色灯亮"粉色"呢？

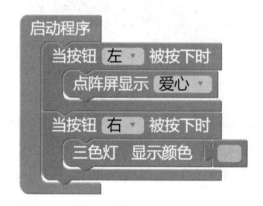

以上学习了按钮控制点阵屏和三色灯，上一章学习了语音合成技术用到了扬声器，接下来我们继续认识一下语音识别技术和麦克风。

（3）实验三：语音识别

我们直接调取AI创乐园中的示例程序来体验一下语音识别的效果。

① 示例路径：AI创乐园→程序栏→示例→小学版→智能管家→语音识别

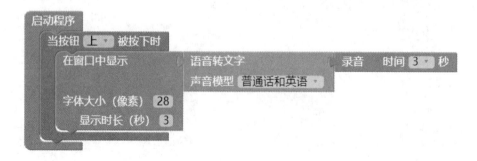

② 实验说明：

将"语音识别"的程序在编辑区中打开，在保证魔盒和新智人科教平台已经通过"连接"建立联系的情况下，点击工具箱中的"上传按钮"，等待程序上传成功（魔盒指示灯闪烁）后，按下魔盒上的"上键按钮"，对着麦克风说话，查看显示屏窗口的显示内容。

③ 模块说明：

以上程序中新出现的模块是"语音转文字模块"和"麦克风模块"。简单认识一下。

·认识"语音转文字模块"

"语音转文字模块"是将语音内容转化为文字内容。

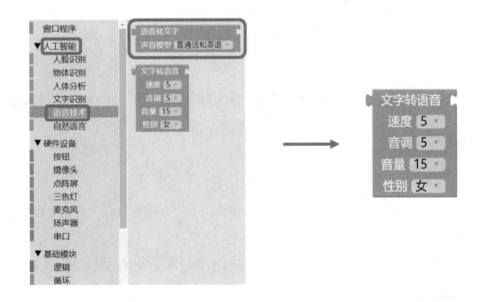

·认识"麦克风模块"

"麦克风模块"在需要录音的时候调用，与"语音转文字模块"配合使用。

新智人 新时代

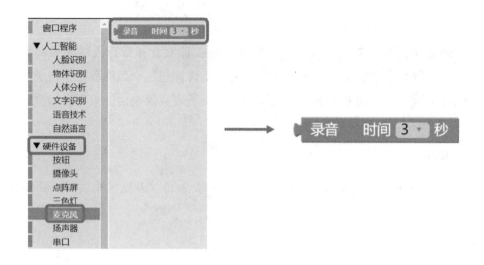

④ 实验练习：

本实验中，尝试说出不同的语言（中文普通话、方言、英语等），看一看机器的识别效果。

以上学习了按钮控制和语音识别实验，接下来将二者融合一下，通过语音来控制输出效果。回顾前面总结的智能小管家的工作流程，接下来通过"点亮三色灯"的实验来初体验这个工作流程。

（4）实验四：点亮三色灯

我们直接调取AI创乐园中的示例程序来体验一下"点亮三色灯"实验中通过语音控制所实现的效果。

① 示例路径：AI创乐园→程序栏→示例→小学版→智能管家→点亮三色灯

106

本程序中写"红"字的位置可以手动编辑，比如改成"绿"字；三色灯的颜色模块也可以实现编辑，点选打开颜色选择样例，改成与文字相对应的颜色即可。

② 实验说明：

将"点亮三色灯"的程序在编辑区中打开，在保证魔盒和新智人科教平台已经通过"连接"建立联系的情况下，点击工具箱中的"上传按钮"，等待程序上传成功（魔盒指示灯闪烁）后，按下魔盒上的"上键按钮"，对着麦克风说话，查看魔盒上的三色灯的变化。

③ 模块说明：

以上程序中新出现的模块包含"逻辑模块""变量模块"等，这些都属于较复杂的编程语言中的常用模块，本书不做详细解释。我们只需要学会在程序模块中改变相关参数，实现相应的语音控制即可。

④ 实验思考：

如何通过语音控制实现红、绿、蓝等多色灯呢？

编程的时候只需将上图中红色选框模块整体复制两次，拖曳到它的下方，改"红和红色块"为"绿（蓝）和绿（蓝）色块"。

以上初体验了语音控制三色灯，接下来体验一个全面的智能小管家，既控制三色灯亮灭，又控制点阵屏的启动和关闭，同时还能完成简单的对话反馈。

（5）实验五：智能小管家

我们直接调取AI创乐园中的示例程序来体验一下智能管家实验中通过语音控制所实现的效果。

① 示例路径：AI创乐园→程序栏→示例→小学版→智能管家→智能小管家

② 程序逻辑说明：

第十二章 智能管家

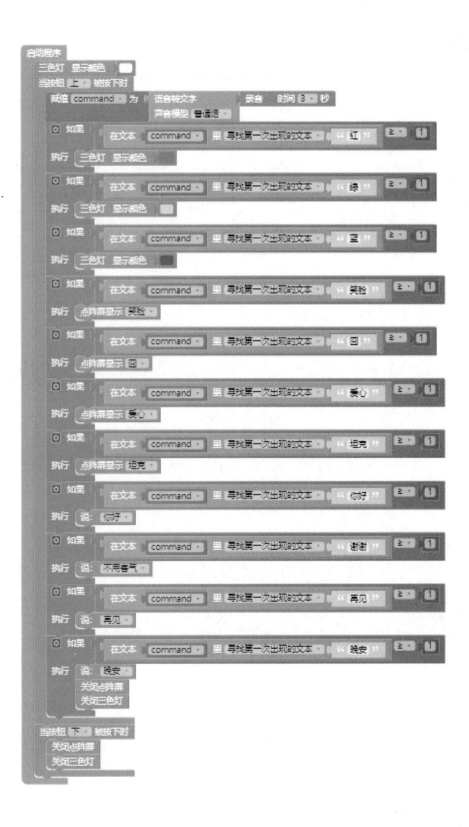

评一评

本章你学到了哪些知识？通过涂星星的方式给自己打打分吧。

内容	涂一涂
什么是智能管家	☆☆☆☆☆
智能管家的工作流程	☆☆☆☆☆
编程的知识	☆☆☆☆☆

第十三章

智慧校园

【导读】

"智慧校园"这个概念早在2010年信息化"十二五"规划中被正式提出，规划蓝图中是这样描述智慧校园的——无处不在的网络学习、融合创新的网络科研、透明高效的校务治理、丰富多彩的校园文化、方便周到的校园生活，简而言之，要做一个安全、稳定、环保、节能的校园。

本章我们一起认识一下"智慧校园"，并且通过编程打造一个智能门禁机器人。

1. 智慧校园

说一说

（1）你所在校园的哪些方面体现出了智慧化？

（2）你希望你所在的校园在哪些方面做出改变，可以融合哪些智能元素呢？

学一学

智慧校园是以物联网为基础的智慧化校园，是集校园工作、学习、生活为一体的一体化环境，是以各种应用服务系统为载体，将教学、科研、管理和校园生活进行充分融合。

建设智慧校园可提高学校教学质量、科研质量以及提高学校管理水平等；可方便家长协同监督、远程监护孩子以及保持与学校的高效沟通等；可提高学生在校园的生活质量，可促进学生在校园内积极学习、开展安全文明活动等。

画一画

以你的校园为基础，画出你理想中的"智慧校园"的样子。跟同学们分享你的作品。

2. 门禁机器人

写一写

"智慧校园"中的智能校园门禁是一种很重要的校园管理模式。作为智慧校园的设计师，为你的校园门禁机器人设计一个简单的工作流程图，把它画出来，并说明它是如何工作的。

做一做

借助新智人教学设备及AI创乐园图形化编程工具，我们来打造一个校园门禁机器人，使它实现如下功能：

・识别出男生，年龄在20岁以下，用男声回复"同学好"，年龄在20岁以上，用男声回复"老师好"；

・识别出女生，年龄在20岁以下，用女声回复"同学好"，年龄在20岁以上，用女声回复"老师好"。

要实现以上控制，我们需要学习相关基本模块的功能作用，我们先通过一些小实验来认识编程中涉及的基本模块，然后整体输出一个门禁机器人的图形化编程程序。

（1）实验一：启动摄像头

关于摄像头的使用，前面课程中已经有所涉及，本章我们突出介绍一下摄像头的工作模式。我们直接调取AI创乐园中的示例程序来体验一下启动摄像头的效果吧。

① 示例路径：AI创乐园→程序栏→示例→小学版→智慧校园→启动摄像头

② 实验说明：

将"启动摄像头"的程序在编辑区中打开，在保证魔盒和新智人科教平台已经通过"连接"建立联系的情况下，点击工具箱中的"上传按钮"，等待程序上传成功（魔盒指示灯闪烁）后，启动摄像头，观察显示屏的显示状态。

③ 模块说明：

以上程序一共用到了两个模块，分别是"启动程序模块、启动摄像头模块"。"启动程序模块"在前面课程中已经学习过，本章重点学习"启动摄像头模块"。

· 认识"启动摄像头模块"

摄像头模块一共包括四种模式，分别为不翻转、水平翻转、垂直翻转、水平垂直翻转。

摄像头模块属于硬件设备模块，同类型模块还包括点阵屏、三色灯、麦克风、扬声器等。

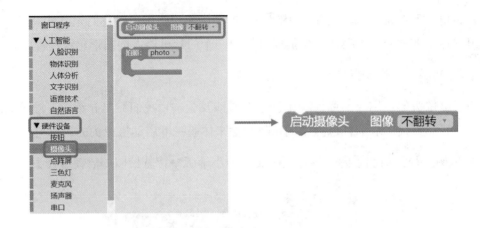

根据你的理解将以下内容跟摄像头的四种效果一一对应起来。

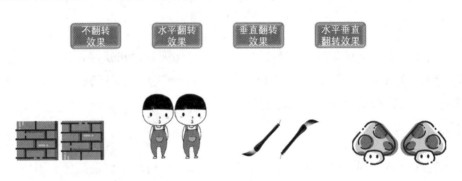

④ 实验练习：

如何启动扬声器，说出"你好"的句子？又如何说出"谢谢"的句子？

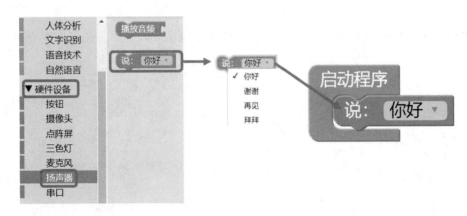

⑤ 实验思考：

·以上的练习完成了"你好""谢谢"等模块中已经内置好的短句的输出，如果我想让机器说出"我和我的祖国"类似这样非内置的句子，又该如何实现呢？

·回顾机器识字中"大声朗读"的实验，我们调用这个程序，对"字符串模块"中的内容进行编辑，查看实验效果。

（2）实验二：人脸信息提取

门禁机器人的功能是进行人脸识别，完成人脸信息的提取。其工作流程一般是先通过摄像头完成拍照，再进行人脸识别，最后进行信息提取并反馈。接下来我们直接调取AI创乐园中的示例程序来体验一下人脸信息提取实验的效果吧。

① 示例路径：AI创乐园→程序栏→示例→小学版→智慧校园→人脸信息提取

② 实验说明：

将"人脸信息提取"的程序在编辑区中打开，在保证魔盒和新智人科教平台已经通过"连接"建立联系的情况下，点击工具箱中的"上传按钮"，等待程序上传成功（魔盒指示灯闪烁）并启动摄像头后，按下魔盒上的"上键按钮"，摄像头拍照进行人脸识别，显示屏窗口显示反馈内容。

③ 模块说明：

以上程序新出现的模块中我们重点学习人脸识别的相关模块，分别是"识别人脸模块、人脸识别成功模块、人脸信息获取模块"。

"识别人脸模块"的作用是识别出人脸照片中的年龄、颜值等信息，并赋值给声明的变量，以便程序的调用；"人脸识别成功模块"的作用如字面意思一样，它作为程序逻辑判断的条件，在人脸识别成功的情况下，通过"人脸信息获取模块"获取人脸信息，并通过窗口输出相应的人脸信息。

第十三章 智慧校园

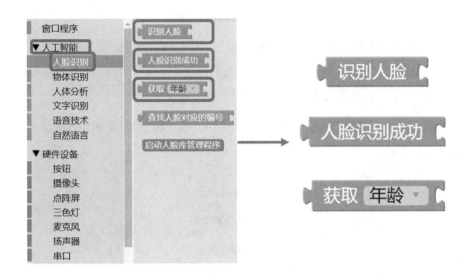

④ 实验练习：

· 如何实现"右键"拍照，获取性别信息呢？动手修改程序的相关参数，实现功能。

· 推选三位同学，依次调整实验参数，来获取老师的年龄、脸型和颜值，完成下列表格（在时间充裕的情况下，可进行多次实验从而获取任一同学的相关信息）。

实验参数	实验值	实验人名
年龄		
脸型		
颜值		

⑤ 实验思考：

以上完成的实验，在人脸识别成功之后，信息反馈的方式是窗口显示，如何实现语音反馈信息，即将目标信息说出来呢？

（3）实验三：门禁机器人

本实验不同于"人脸信息提取"实验的地方在于，这个实验在人脸识别之后，要通过语音来反馈识别的信息，而且要实现的功能更加复杂一点。我们直接调取AI创乐园中的示例程序来体验一下门禁机器人实验的效果吧。

① 示例路径：AI创乐园→程序栏→示例→小学版→智慧校园→门禁机器人

② 程序逻辑说明：

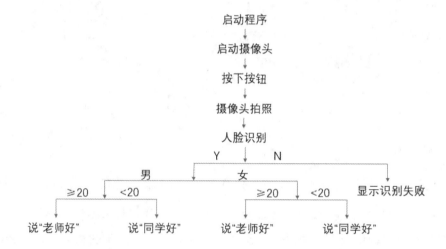

第十三章 智慧校园

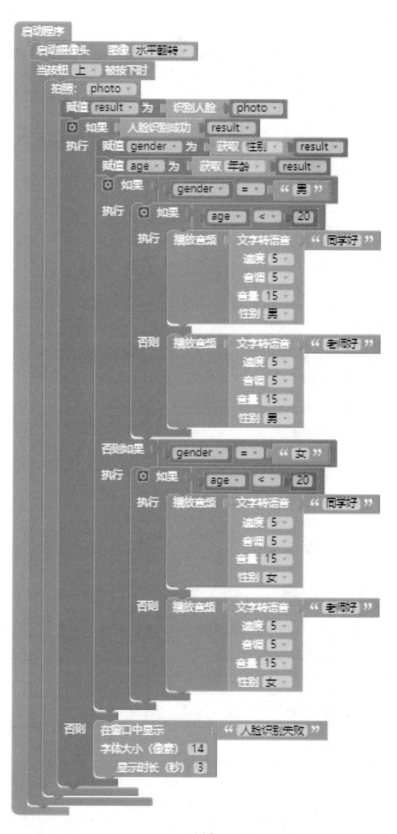

新智人 新时代

③ 实验练习：

门禁机器人实验过程中，是否会反馈出错误的信息，比如你是男同学，机器却说"老师好"或用女生的声音说"同学好"？

④ 实验思考：

· 门禁机器人实验过程中，为什么机器会说出错误的问候语，分析并总结原因，我们如何让机器的识别率变得更高一些呢？

· 我们打造的门禁机器人功能是不是相对单一，能不能将它升级为一个迎宾机器人，可实现自主沟通呢？需要结合人工智能哪些技术来实现呢？

评一评

通过涂星星的方式给自己打打分吧。

内容	涂一涂
什么是智慧校园	☆☆☆☆☆
理想中智慧校园的画画	☆☆☆☆☆
编程的知识	☆☆☆☆☆

第十四章

未来已来

【导读】

AlphaGo 战胜围棋世界冠军；

AlphaStar 在即时战略电子竞技游戏中实力碾压人类职业玩家；

百度无人汽车、谷歌无人汽车、京东无人配货小车、顺丰无人机等，无人驾驶设备慢慢融入了我们的生活。

人工智能离我们远吗？距离强人工智能的实现，路途遥远，它在未来；

人工智能离我们近吗？概念的提出已经是 60 余年以前的事情了，今天，弱人工智能的产品已经慢慢实现，来到了我们的身边。

本章将带领大家回顾本学期学习过的人工智能的知识，同时回首过去，展望未来。

1. 回顾与比较

写一写

通过本书的学习，我们对人工智能有了一定的了解。简单回顾一下本书学过的人工智能的技术和应用。

新智人 新时代

人工智能的技术	人工智能的应用

比一比

现如今人工智能的应用越来越广泛，与人类交互的方面越来越多。比较一下人类和人工智能身上各自的优缺点。根据能力的推荐维度，在你认为能力更胜一筹的一方的"□"中打"√"。

比较的维度	人类	人工智能
记忆能力	□	□
运动能力	□	□
学习能力	□	□
情感能力	□	□
沟通能力	□	□
执行能力	□	□
抗压能力	□	□
决策能力	□	□

在"辩论赛"那节课结尾我们提到超人工智能的威胁论，关于它是否会真的带来威胁，我们不能人云亦云，需要好好考究这个问题。

第十四章 未来已来

事物的发展是存在两面性的，好坏并存、优劣共生。对于人工智能，其造福和威胁是并存的，在研究和开发人工智能过程中，我们要加强前瞻性预防和约束引导。

20世纪中叶，阿西莫夫提出了"机器人学三定律"（又叫"阿西莫夫三定律"），也就是人工智能发展应该遵循的规律。他是怎么说的呢，我们一起认识一下。

2. 阿西莫夫三定律

学一学

阿西莫夫在自己的小说《我，机器人》中提到了"机器人学三大法则"，又称"阿西莫夫三定律"，为机器人的发展提出了约束准则。

- 第一定律：机器人不得伤害人类个体，或者目睹人类个体将遭受危险而袖手不管；
- 第二定律：机器人必须服从人给予它的命令，当该命令与第一定律冲突时例外；
- 第三定律：机器人在不违反第一、第二定律的情况下要尽可能保护自己的生存。

阿西莫夫三定律虽然是为机器人的发展提出来的，但这里的机器人是有智慧、有思想的机器人，是人工智能的物质载体。

判一判

根据阿西莫夫三定律，对下面的描述进行判断。在正确的描述后面打"√"，错误的描述后面打"×"。

① 机器人要完全听从人类的话。（ ）

② 人类在受到迫害时，机器人可以袖手旁观。（ ）

③ 面对爆炸、核辐射等安全事故时，机器人需要在保护自己的前提下，再来帮助人类消除灾害。（ ）

3. 人工智能对行业的影响

说一说

随着人工智能的发展，人工智能会慢慢替代很多行业的许多工作。基于你的认识，结合前面对比和总结的人工智能的优缺点，完成后面的讨论。

- 人工智能是否会替代快递小哥的工作？
- 人工智能是否会替代公交车司机的工作？
- 人工智能是否会替代老师的工作？
- 人工智能是否会替代设计师的工作？
- 人工智能是否会替代医生的工作？

想一想

思考并总结人工智能会替代哪些工种，它的工作特质是如何的？哪些工种不容易被替代，它的工作特质又是如何的？

会被替代工种的工作特质	不会被替代工种的工作特质
·重复性 ·危险性 ·统计性 ·……	·技术性 ·复杂性 ·交流性 ·……

4. 思维导图和写作

画一画

用思维导图的方式表达出你身边长辈的工作及工作特质，标注一下这些工作在未来是否会被人工智能替代（标注，Y代表会，N代表不会）。将你画好的思维导图跟大家分享。

参考示例：

第十四章 未来已来

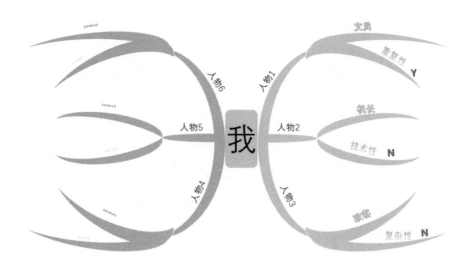

写一写

通过本学期的学习，我们对于人工智能有了比较全面的认知和了解，写一篇"我认识的人工智能"的小文章，字数不限，将自己的认识分享给更多的小伙伴吧。

评一评

通过涂星星的方式给自己打打分吧。

这一学期的我	涂一涂
了解了人工智能	☆☆☆☆☆
能给别人解释人工智能	☆☆☆☆☆